수학 좀 한다면

디딤돌 연산은 수학이다 2B

펴낸날 [초판 1쇄] 2023년 11월 20일 [초판 2쇄] 2024년 6월 4일
펴낸이 이기열
펴낸곳 (주)디딤돌 교육
주소 (03972) 서울특별시 마포구 월드컵북로 122 청원선와이즈타워
대표전화 02-3142-9000
구입문의 02-322-8451
내용문의 02-323-9166
팩시밀리 02-338-3231
홈페이지 www.didimdol.co.kr
등록번호 제10-718호

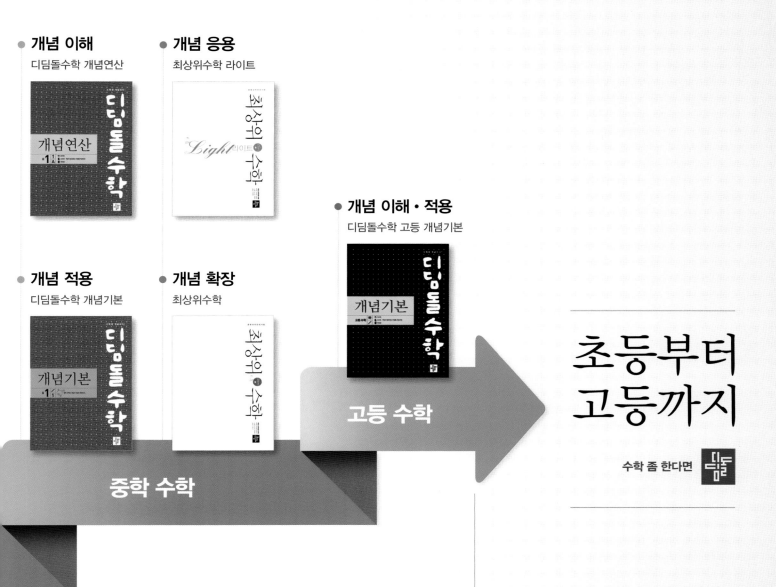

개념 이해
디딤돌수학 개념연산

개념 응용
최상위수학 라이트

개념 이해 · 적용
디딤돌수학 고등 개념기본

개념 적용
디딤돌수학 개념기본

개념 확장
최상위수학

고등 수학

중학 수학

초등부터
고등까지

수학 좀 한다면

개념을 이해하고, 깨우치고, 꺼내 쓰는
올바른 중고등 개념 학습서

정가 10,000원

9 788926 163498

ISBN 978-89-261-6349-8

63410

수학을 품은 연산 **2B**

새 교육과정 반영

디딤돌
연산은
수학이다.

디딤돌

수학적 연산 분류에 따른 전체 학습 설계

1학년 A

수 감각

덧셈과 뺄셈의 원리

덧셈과 뺄셈의 성질

덧셈과 뺄셈의 감각

1 수를 가르기하고 모으기하기
2 합이 9까지인 덧셈
3 한 자리 수의 뺄셈
4 덧셈과 뺄셈의 관계
5 10을 가르기하고 모으기하기
6 10의 덧셈과 뺄셈
7 연이은 덧셈, 뺄셈

1학년 B

덧셈과 뺄셈의 원리

덧셈과 뺄셈의 성질

덧셈과 뺄셈의 활용

덧셈과 뺄셈의 감각

1 두 수의 합이 10인 세 수의 덧셈
2 두 수의 차가 10인 세 수의 뺄셈
3 받아올림이 있는 (몇)+(몇)
4 받아내림이 있는 (십몇)−(몇)
5 (몇십)+(몇), (몇)+(몇십)
6 받아올림, 받아내림이 없는 (몇십몇)±(몇)
7 받아올림, 받아내림이 없는 (몇십몇)±(몇십몇)

2학년 A

덧셈과 뺄셈의 원리

덧셈과 뺄셈의 성질

덧셈과 뺄셈의 활용

덧셈과 뺄셈의 감각

1 받아올림이 있는 (몇십몇)+(몇)
2 받아올림이 한 번 있는 (몇십몇)+(몇십몇)
3 받아올림이 두 번 있는 (몇십몇)+(몇십몇)
4 받아내림이 있는 (몇십몇)−(몇)
5 받아내림이 있는 (몇십몇)−(몇십몇)
6 세 수의 계산(1)
7 세 수의 계산(2)

2학년 B

곱셈의 원리

곱셈의 성질

곱셈의 활용

곱셈의 감각

1 곱셈의 기초
2 2, 5단 곱셈구구
3 3, 6단 곱셈구구
4 4, 8단 곱셈구구
5 7, 9단 곱셈구구
6 곱셈구구 종합
7 곱셈구구 활용

3 생각하고, 풀고, 느껴야 **수학 개념이 남는다.**

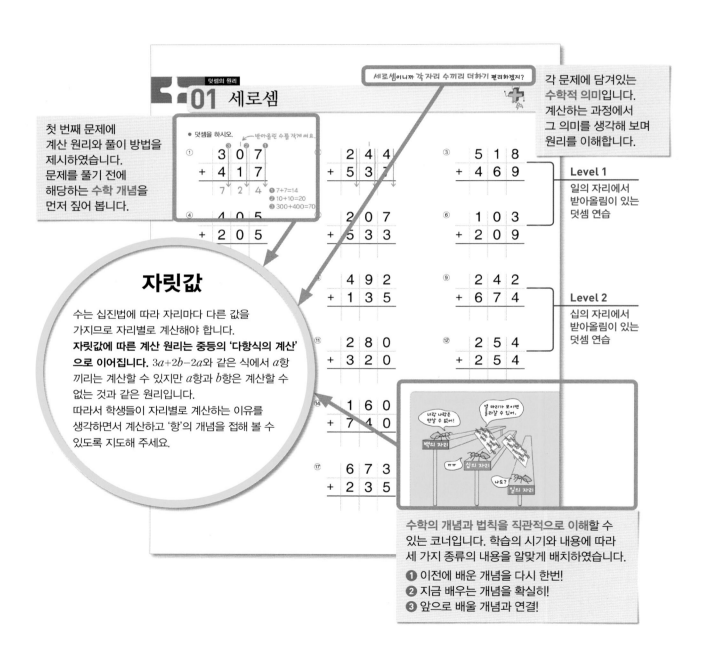

첫 번째 문제에
계산 원리와 풀이 방법을
제시하였습니다.
문제를 풀기 전에
해당하는 수학 개념을
먼저 짚어 봅니다.

세로셈이니까 각 자리 수끼리 더하기 편리하겠지?

각 문제에 담겨있는
수학적 의미입니다.
계산하는 과정에서
그 의미를 생각해 보며
원리를 이해합니다.

Level 1
일의 자리에서
받아올림이 있는
덧셈 연습

Level 2
십의 자리에서
받아올림이 있는
덧셈 연습

자릿값

수는 십진법에 따라 자리마다 다른 값을
가지므로 자리별로 계산해야 합니다.
**자릿값에 따른 계산 원리는 중등의 '다항식의 계산'
으로 이어집니다.** $3a+2b-2a$와 같은 식에서 a항
끼리는 계산할 수 있지만 a항과 b항은 계산할 수
없는 것과 같은 원리입니다.
따라서 학생들이 자리별로 계산하는 이유를
생각하면서 계산하고 '항'의 개념을 접해 볼 수
있도록 지도해 주세요.

수학의 개념과 법칙을 직관적으로 이해할 수
있는 코너입니다. 학습의 시기와 내용에 따라
세 가지 종류의 내용을 알맞게 배치하였습니다.

❶ 이전에 배운 개념을 다시 한번!
❷ 지금 배우는 개념을 확실히!
❸ 앞으로 배울 개념과 연결!

수학은 초등, 중등, 고등까지 하나로 연결되어 있는 과목이기 때문에 초등에서의 개념 형성이
중고등 학습에도 영향을 주게 됩니다.
초등에서 배우는 개념은 가볍게 여기기 쉽지만 중고등 과정에서의 중요한 개념과 연결되므로
그것의 수학적 의미를 짚어줄 수 있는 연산 학습이 반드시 필요합니다.
또한 중고등 과정에서 배우는 수학의 법칙들을 초등 눈높이에서부터 경험하게 하여
전체 수학 학습의 중심을 잡아줄 수 있어야 합니다.

초등: 자리별로 계산하기

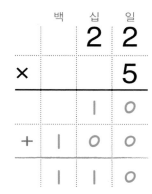

중등: 동류항끼리 계산하기

다항식: $2x-3y+5$
동류항의 계산: $2a+3b-a+2b=a+5b$

고등: 동류항끼리 계산하기

복소수의 사칙계산

실수 a, b, c, d에 대하여
$(a+bi)+(c+di)=(a+c)+(b+d)i$
$(a+bi)-(c+di)=(a-c)+(b-d)i$

초등: 곱하여 더해 보기

$$10 \times 2 = 20$$
$$3 \times 2 = 6$$
$$13 \times 2 = 26$$

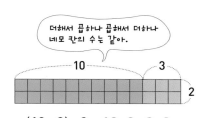

$$(10+3) \times 2 = 10 \times 2 + 3 \times 2$$

중등: 분배법칙

곱셈의 분배법칙
$$a \times (b+c) = a \times b + a \times c$$

다항식의 곱셈
다항식 a, b, c, d에 대하여
$$(a+b) \times (c+d) = a \times c + a \times d + b \times c + b \times d$$

다항식의 인수분해
다항식 m, a, b에 대하여
$$ma+mb = m(a+b)$$

연산의 원리	연산의 성질	연산의 활용	연산의 감각
계산 원리 계산 방법 자릿값 사칙연산의 의미 덧셈과 곱셈의 관계 뺄셈과 나눗셈의 관계	계산 순서/교환법칙 결합법칙/분배법칙 덧셈과 뺄셈의 관계 곱셈과 나눗셈의 관계 0과 1의 계산 등식	상황에 맞는 계산 규칙의 발견과 적용 추상화된 식의 계산	어림하기 연산의 다양성 수의 조작

3학년 A

덧셈과 뺄셈의 원리	나눗셈의 원리	곱셈의 원리
덧셈과 뺄셈의 성질	나눗셈의 활용	곱셈의 성질
덧셈과 뺄셈의 활용	나눗셈의 감각	곱셈의 활용
덧셈과 뺄셈의 감각		곱셈의 감각

1 받아올림이 없는 (세 자리 수)+(세 자리 수)
2 받아올림이 한 번 있는 (세 자리 수)+(세 자리 수)
3 받아올림이 두 번 있는 (세 자리 수)+(세 자리 수)
4 받아올림이 세 번 있는 (세 자리 수)+(세 자리 수)
5 받아내림이 없는 (세 자리 수)−(세 자리 수)
6 받아내림이 한 번 있는 (세 자리 수)−(세 자리 수)
7 받아내림이 두 번 있는 (세 자리 수)−(세 자리 수)
8 나눗셈의 기초
9 나머지가 없는 곱셈구구 안에서의 나눗셈
10 올림이 없는 (두 자리 수)×(한 자리 수)
11 올림이 한 번 있는 (두 자리 수)×(한 자리 수)
12 올림이 두 번 있는 (두 자리 수)×(한 자리 수)

3학년 B

곱셈의 원리	나눗셈의 원리	분수의 원리
곱셈의 성질	나눗셈의 성질	
곱셈의 활용	나눗셈의 활용	
곱셈의 감각	나눗셈의 감각	

1 올림이 없는 (세 자리 수)×(한 자리 수)
2 올림이 한 번 있는 (세 자리 수)×(한 자리 수)
3 올림이 두 번 있는 (세 자리 수)×(한 자리 수)
4 (두 자리 수)×(두 자리 수)
5 나머지가 있는 나눗셈
6 (몇십)÷(몇), (몇백몇십)÷(몇)
7 내림이 없는 (두 자리 수)÷(한 자리 수)
8 내림이 있는 (두 자리 수)÷(한 자리 수)
9 나머지가 있는 (두 자리 수)÷(한 자리 수)
10 나머지가 없는 (세 자리 수)÷(한 자리 수)
11 나머지가 있는 (세 자리 수)÷(한 자리 수)
12 분수

4학년 A

곱셈의 원리	나눗셈의 원리
곱셈의 성질	나눗셈의 성질
곱셈의 활용	나눗셈의 활용
곱셈의 감각	나눗셈의 감각

1 (세 자리 수)×(두 자리 수)
2 (네 자리 수)×(두 자리 수)
3 (몇백), (몇천) 곱하기
4 곱셈 종합
5 몇십으로 나누기
6 (두 자리 수)÷(두 자리 수)
7 몫이 한 자리 수인 (세 자리 수)÷(두 자리 수)
8 몫이 두 자리 수인 (세 자리 수)÷(두 자리 수)

4학년 B

분수의 원리	덧셈과 뺄셈의 감각
덧셈과 뺄셈의 원리	
덧셈과 뺄셈의 성질	
덧셈과 뺄셈의 활용	

1 분모가 같은 진분수의 덧셈
2 분모가 같은 대분수의 덧셈
3 분모가 같은 진분수의 뺄셈
4 분모가 같은 대분수의 뺄셈
5 자릿수가 같은 소수의 덧셈
6 자릿수가 다른 소수의 덧셈
7 자릿수가 같은 소수의 뺄셈
8 자릿수가 다른 소수의 뺄셈

5학년 A

혼합 계산의 원리	수의 원리	덧셈과 뺄셈의 원리
혼합 계산의 성질	수의 성질	덧셈과 뺄셈의 성질
혼합 계산의 활용	수의 활용	덧셈과 뺄셈의 감각
혼합 계산의 감각	수의 감각	

1 덧셈과 뺄셈의 혼합 계산
2 곱셈과 나눗셈의 혼합 계산
3 덧셈, 뺄셈, 곱셈(나눗셈)의 혼합 계산
4 덧셈, 뺄셈, 곱셈, 나눗셈의 혼합 계산
5 약수와 배수
6 공약수와 최대공약수
7 공배수와 최소공배수
8 약분
9 통분
10 분모가 다른 진분수의 덧셈
11 분모가 다른 진분수의 뺄셈
12 분모가 다른 대분수의 덧셈
13 분모가 다른 대분수의 뺄셈

5학년 B

곱셈의 원리
곱셈의 성질
곱셈의 활용
곱셈의 감각

1 분수와 자연수의 곱셈
2 단위분수의 곱셈
3 진분수, 가분수의 곱셈
4 대분수의 곱셈
5 분수와 소수
6 소수와 자연수의 곱셈
7 소수의 곱셈

6학년 A

나눗셈의 원리	비와 비율의 원리
나눗셈의 성질	
나눗셈의 활용	
나눗셈의 감각	

1 (자연수)÷(자연수)를 분수로 나타내기
2 (분수)÷(자연수)
3 (대분수)÷(자연수)
4 분수, 자연수의 곱셈과 나눗셈
5 (소수)÷(자연수)
6 (자연수)÷(자연수)를 소수로 나타내기
7 비와 비율

6학년 B

나눗셈의 원리	혼합 계산의 원리	비와 비율의 원리
나눗셈의 성질	혼합 계산의 성질	비와 비율의 성질
나눗셈의 활용	혼합 계산의 감각	비와 비율의 활용
나눗셈의 감각		

1 분모가 같은 진분수끼리의 나눗셈
2 분모가 다른 진분수끼리의 나눗셈
3 (자연수)÷(분수)
4 대분수의 나눗셈
5 분수의 혼합 계산
6 나누어떨어지는 소수의 나눗셈
7 나머지가 있는 소수의 나눗셈
8 소수의 혼합 계산
9 간단한 자연수의 비로 나타내기
10 비례식
11 비례배분

1 손으로 푸는 100문제보다 머리로 푸는 10문제가 수학 실력이 된다.

계산 방법만 익히는 연산은 '계산력'은 기를 수 있어도 '수학 실력'으로 이어지지 못합니다.
계산에 원리와 방법이 있는 것처럼 계산에는 저마다의 성질이 있고 계산과 계산 사이의 관계가 있습니다.
또한 아이들은 계산을 활용해 볼 수 있어야 하고 계산을 통해 수 감각을 기를 수 있어야 합니다.
이렇듯 계산의 단면이 아닌 입체적인 계산 훈련이 가능하도록 하나의 연산을 다양한 각도에서
생각해 볼 수 있는 문제들을 수학적 설계 근거를 바탕으로 구성하였습니다.

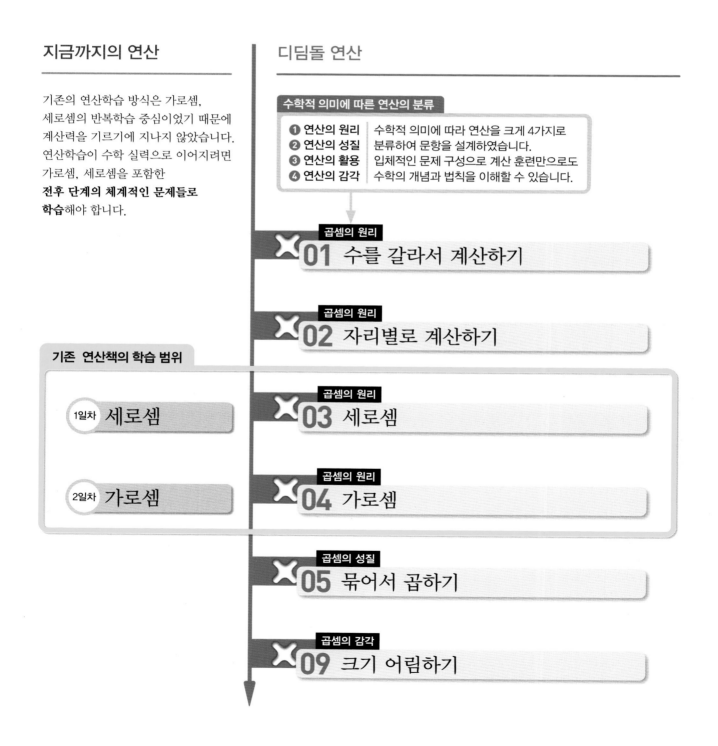

지금까지의 연산

기존의 연산학습 방식은 가로셈,
세로셈의 반복학습 중심이었기 때문에
계산력을 기르기에 지나지 않았습니다.
연산학습이 수학 실력으로 이어지려면
가로셈, 세로셈을 포함한
**전후 단계의 체계적인 문제들로
학습**해야 합니다.

기존 연산책의 학습 범위

1일차 세로셈

2일차 가로셈

디딤돌 연산

수학적 의미에 따른 연산의 분류

❶ 연산의 원리
❷ 연산의 성질
❸ 연산의 활용
❹ 연산의 감각

수학적 의미에 따라 연산을 크게 4가지로
분류하여 문항을 설계하였습니다.
입체적인 문제 구성으로 계산 훈련만으로도
수학의 개념과 법칙을 이해할 수 있습니다.

곱셈의 원리
01 수를 갈라서 계산하기

곱셈의 원리
02 자리별로 계산하기

곱셈의 원리
03 세로셈

곱셈의 원리
04 가로셈

곱셈의 성질
05 묶어서 곱하기

곱셈의 감각
09 크기 어림하기

수학을 품은 연산 **2B**

디딤돌
연산은
수학이다.

디딤돌

수학적 의미에 따른 연산의 분류

같아 보이지만 완전히 다릅니다!

1. 입체적 학습의 흐름

연산은 수학적 개념을 바탕으로 합니다.
따라서 단순 계산 문제를 반복하는 것이 아니라 원리를 이해하고, 계산 방법을 익히고,
수학적 법칙을 경험해 볼 수 있는 문제를 다양하게 접할 수 있어야 합니다.
연산을 다양한 각도에서 생각해 볼 수 있는 문제들로 계산력을 뛰어넘는 수학 실력을 길러 주세요.

곱셈의 원리 ▶ 계산 방법 이해

01 1, 0의 곱

곱셈의 원리 ▶ 계산 방법 이해

02 가로셈

가장 기본적인 계산 문제입니다.
본 학습의 계산 원리를 익힐 수 있도록
충분히 연습합니다.

기초 연산책의 학습 범위

곱셈의 원리 ▶ 계산 방법 이해

04 홀수끼리의 곱

곱셈의 원리 ▶ 계산 방법 이해

05 짝수끼리의 곱

곱셈의 원리 ▶ 계산 방법 이해

07 곱셈구구에 해당하는 수 찾기

연산의 원리, 성질들을 느끼고 활용해 보는 문제입니다.
하나의 연산 원리를 다양한 관점에서 생각해 보고
수학의 개념과 법칙을 이해합니다.

곱셈의 성질 ▶ 분배법칙

09 곱해서 더해 보기

곱셈의 감각 ▶ 수의 조작

13 곱을 보고 곱한 수 찾기

연산의 원리를 바탕으로 수를 다양하게 조작해 보고
추론하여 해결하는 문제입니다. 앞서 학습한 연산의 원리,
성질들을 이용하여 사고력과 수 감각을 기릅니다.

수학

2. 입체적 학습의 구성

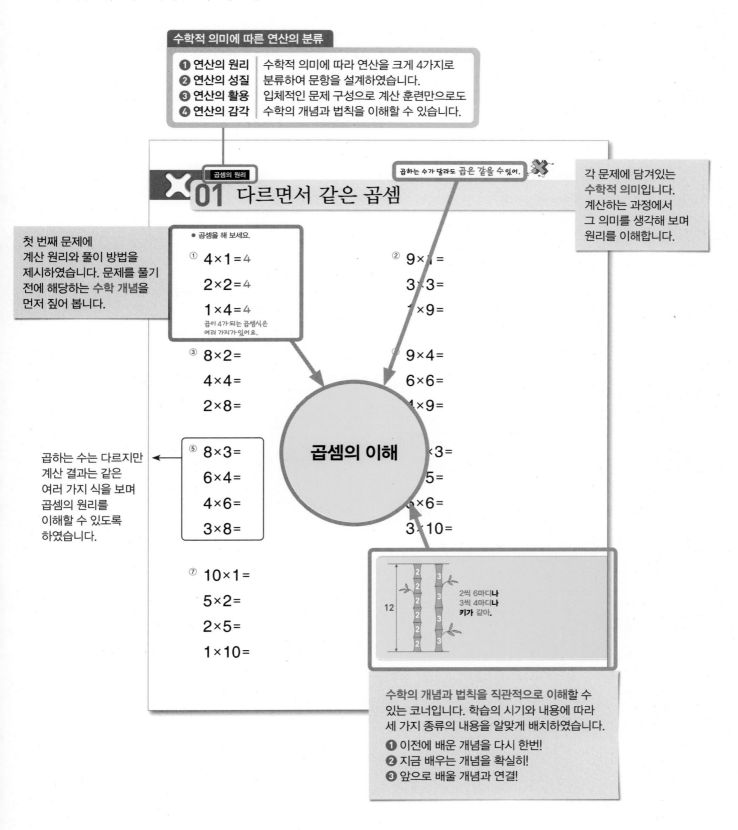

수학적 의미에 따른 연산의 분류

❶ **연산의 원리**
❷ **연산의 성질**
❸ **연산의 활용**
❹ **연산의 감각**

수학적 의미에 따라 연산을 크게 4가지로
분류하여 문항을 설계하였습니다.
입체적인 문제 구성으로 계산 훈련만으로도
수학의 개념과 법칙을 이해할 수 있습니다.

곱셈의 원리

$\times$ 01 다르면서 같은 곱셈

곱하는 수가 달라도 곱은 같을 수 있어.

각 문제에 담겨있는
수학적 의미입니다.
계산하는 과정에서
그 의미를 생각해 보며
원리를 이해합니다.

첫 번째 문제에
계산 원리와 풀이 방법을
제시하였습니다. 문제를 풀기
전에 해당하는 수학 개념을
먼저 짚어 봅니다.

● 곱셈을 해 보세요.

① $4 \times 1 = 4$
   $2 \times 2 = 4$
   $1 \times 4 = 4$
   곱이 4가 되는 곱셈식은
   여러 가지가 있어요.

② $9 \times 1 =$
   $3 \times 3 =$
   $1 \times 9 =$

③ $8 \times 2 =$
   $4 \times 4 =$
   $2 \times 8 =$

④ $9 \times 4 =$
   $6 \times 6 =$
   $4 \times 9 =$

곱셈의 이해

곱하는 수는 다르지만
계산 결과는 같은
여러 가지 식을 보며
곱셈의 원리를
이해할 수 있도록
하였습니다.

⑤ $8 \times 3 =$
   $6 \times 4 =$
   $4 \times 6 =$
   $3 \times 8 =$

⑥ $\times 3 =$
   $\times 5 =$
   $\times 6 =$
   $3 \times 10 =$

⑦ $10 \times 1 =$
   $5 \times 2 =$
   $2 \times 5 =$
   $1 \times 10 =$

12   2씩 6마디**나**
     3씩 4마디**나**
     키가 같아.

수학의 개념과 법칙을 직관적으로 이해할 수
있는 코너입니다. 학습의 시기와 내용에 따라
세 가지 종류의 내용을 알맞게 배치하였습니다.

❶ 이전에 배운 개념을 다시 한번!
❷ 지금 배우는 개념을 확실히!
❸ 앞으로 배울 개념과 연결!

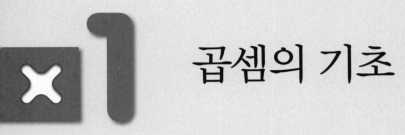

곱셈의 기초

같은 수를 여러 번 더하는 것은 곱셈으로 나타낼 수 있어.

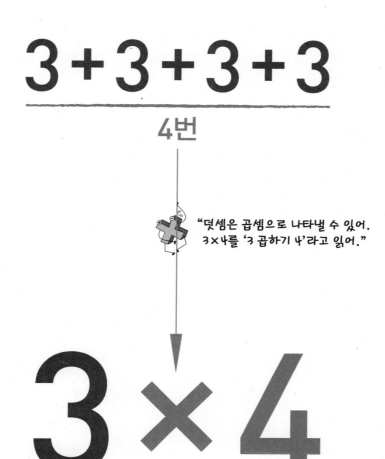

$$3 + 3 + 3 + 3$$

4번

"덧셈은 곱셈으로 나타낼 수 있어.
3×4를 '3 곱하기 4'라고 읽어."

$$3 \times 4$$

3씩 4묶음

3의 4배

01 묶어 세기

묶어 세면 전체 개수를 빨리 셀 수 있겠지?

● 묶어 세어 전체 개수를 구해 보세요.

①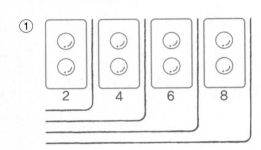

2씩 __4__ 묶음 ➡ __8__

② 3씩 _____ 묶음 ➡ _____

③ 4씩 _____ 묶음 ➡ _____

④ 5씩 _____ 묶음 ➡ _____

⑤ 6씩 _____ 묶음 ➡ _____

⑥ 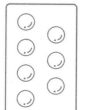  7씩 _____묶음 ➡ _____

⑦ 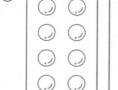   8씩 _____묶음 ➡ _____

⑧    9씩 _____묶음 ➡ _____

⑨   2씩 _____묶음 ➡ _____

⑩   3씩 _____묶음 ➡ _____

⑪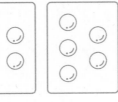

5씩 _____ 묶음 ➡ _____

⑫

6씩 _____ 묶음 ➡ _____

⑬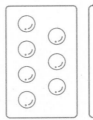

7씩 _____ 묶음 ➡ _____

⑭

8씩 _____ 묶음 ➡ _____

⑮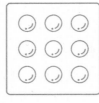

9씩 _____ 묶음 ➡ _____

02 덧셈식으로 나타내기

2씩 5묶음은 2를 5번 더한 것과 같아.

● 몇 묶음인지 세어 보고 전체 개수를 덧셈식으로 나타내 보세요.

①

2씩 __5__ 묶음

2+ __2__ + __2__ + __2__ + __2__ = __10__

2씩 5묶음은
모두 10이에요.

②

3씩 ____ 묶음

3+ ____ + ____ + ____ = ____

③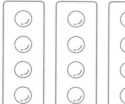

4씩 ____ 묶음

4+ ____ + ____ = ____

④

5씩 ____ 묶음

5+ ____ + ____ + ____ = ____

⑤

6씩 ____ 묶음

6+ ____ + ____ = ____

⑥

7씩 _____묶음

7+_____ = _____

⑦

8씩 _____묶음

8+_____ + _____ + _____ = _____

⑧

9씩 _____묶음

9+_____ + _____ = _____

⑨

2씩 _____묶음

2+_____ + _____ + _____ = _____

⑩

3씩 _____묶음

3+_____ + _____ + _____ + _____ = _____

⑪

4씩 _____ 묶음

4 + _____ + _____ + _____ + _____ = _____

⑫

5씩 _____ 묶음

5 + _____ + _____ = _____

⑬

6씩 _____ 묶음

6 + _____ + _____ + _____ = _____

⑭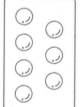

7씩 _____ 묶음

7 + _____ + _____ + _____ = _____

⑮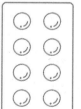

8씩 _____ 묶음

8 + _____ + _____ = _____

같은 수를 여러 번 더하는 식은 곱셈식으로 나타낼 수 있어.

03 덧셈식을 곱셈식으로 나타내기

● 덧셈식을 곱셈식으로 나타내 보세요.

① $10+10+10=10\times$ ☐ 3
　　　　10을 3번 더했어요.

② $2+2+2+2+2=2\times$ ☐

③ $5+5+5+5=5\times$ ☐

④ $6+6=6\times$ ☐

⑤ $3+3+3+3+3+3=3\times$ ☐

⑥ $4+4+4+4+4=4\times$ ☐

⑦ $7+7+7+7+7+7+7+7+7=7\times$ ☐

⑧ $8+8+8+8+8+8+8=8\times$ ☐

⑨ $9+9+9+9+9+9+9=9\times$ ☐

⑩ $4+4+4=4\times$ ☐

⑪ $10+10+10+10+10+10+10=10\times$ ☐

⑫ $9+9+9+9+9=9\times$ ☐

⑬ 6+6+6+6+6+6+6+6= ☐ × ☐

⑭ 5+5+5+5+5+5= ☐ × ☐

⑮ 8+8+8+8= ☐ × ☐

⑯ 7+7+7= ☐ × ☐

⑰ 4+4+4+4+4+4= ☐ × ☐

⑱ 3+3+3+3= ☐ × ☐

⑲ 6+6+6+6+6= ☐ × ☐

⑳ 10+10+10+10= ☐ × ☐

3을 5번 더하는 것보다
3×5가 빠르다.

㉑ 5+5= ☐ × ☐

㉒ 3+3+3+3+3+3+3+3= ☐ × ☐

㉓ 2+2+2+2+2+2+2+2+2= ☐ × ☐

㉔ 7+7+7+7+7= ☐ × ☐

15

㉕ $4+4+4+4+4+4+4 = \boxed{} \times \boxed{}$

㉖ $9+9+9+9+9+9 = \boxed{} \times \boxed{}$

㉗ $6+6+6+6 = \boxed{} \times \boxed{}$

㉘ $5+5+5+5+5+5+5+5+5 = \boxed{} \times \boxed{}$

㉙ $2+2+2+2+2+2 = \boxed{} \times \boxed{}$

㉚ $7+7+7+7+7+7+7+7 = \boxed{} \times \boxed{}$

㉛ $8+8+8 = \boxed{} \times \boxed{}$

㉜ $3+3+3+3+3 = \boxed{} \times \boxed{}$

㉝ $6+6+6+6+6+6+6 = \boxed{} \times \boxed{}$

㉞ $9+9+9+9+9+9+9+9 = \boxed{} \times \boxed{}$

㉟ $5+5+5+5+5+5+5 = \boxed{} \times \boxed{}$

㊱ $10+10+10+10+10+10+10+10+10 = \boxed{} \times \boxed{}$

곱하는 수만큼 쓰고 더하면 곱을 구할 수 있어.

04 덧셈으로 곱 구하기

● 곱셈식을 덧셈식으로 나타내 계산해 보세요.

① 5×②

$$
\begin{array}{r}
5 \\
+\ 5 \\
\hline
1\ 0
\end{array}
$$

❶ 5를 2번 쓰고

❷ 모두 더해요.

② 3×2

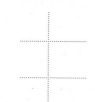

③ 8×2

④ 9×2

⑤ 2×4

⑥ 4×4

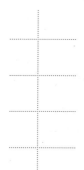

⑦ 6×4

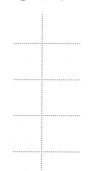

⑧ 7×4

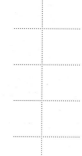

⑨ 3×6

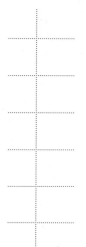

⑩ 5×6

⑪ 8×6

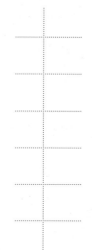

⑫ 9×6

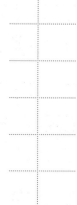

⑬ 2×2　　　⑭ 4×2　　　⑮ 6×2　　　⑯ 7×2

⑰ 3×3　　　⑱ 4×3　　　⑲ 8×3　　　⑳ 9×3

㉑ 2×5　　　㉒ 5×5　　　㉓ 6×5　　　㉔ 7×5

18

㉕ 2×3

㉖ 5×3

㉗ 6×3

㉘ 7×3

㉙ 3×4

㉚ 5×4

㉛ 8×4

㉜ 9×4

㉝ 3×5

㉞ 4×5

㉟ 8×5

㊱ 9×5

곱하는 수만큼 쓰고 더하면 곱을 구할 수 있어.

㊲ **3×7**

㊳ **6×7**

㊴ **7×7**

㊵ **9×7**

㊶ **2×8**

㊷ **4×8**

㊸ **5×8**

㊹ **8×8**

같은 수를 여러 번 더하는 식은 곱셈식으로 나타낼 수 있어.

05 덧셈식으로 곱셈식 알기

● 덧셈식을 곱셈식으로 나타내 계산해 보세요.

① $2+2+2=2\times \boxed{3} = \boxed{6}$

② $2+2+2+2=2\times \boxed{} = \boxed{}$

③ $7+7=7\times \boxed{} = \boxed{}$

④ $7+7+7=7\times \boxed{} = \boxed{}$

⑤ $5+5+5=5\times \boxed{} = \boxed{}$

⑥ $5+5+5+5+5=5\times \boxed{} = \boxed{}$

⑦ $3+3+3+3=3\times \boxed{} = \boxed{}$

⑧ $3+3+3+3+3+3=3\times \boxed{} = \boxed{}$

⑨ $4+4+4+4=4\times \boxed{} = \boxed{}$

⑩ $4+4+4+4+4+4+4=4\times \boxed{} = \boxed{}$

⑪ $6+6=6\times \boxed{} = \boxed{}$

⑫ $6+6+6+6+6+6+6=6\times \boxed{} = \boxed{}$

같은 수를 여러 번 더하는 식은 곱셈식으로 나타낼 수 있어.

⑬ 8+8+8=8× ☐ = ☐

⑭ 5+5+5+5+5+5=5× ☐ = ☐

⑮ 10+10+10=10× ☐ = ☐

⑯ 7+7+7+7=7× ☐ = ☐

⑰ 6+6+6+6+6+6+6+6=6× ☐ = ☐

⑱ 9+9=9× ☐ = ☐

⑲ 2+2+2+2+2+2+2+2+2=2× ☐ = ☐

⑳ 8+8+8+8+8+8=8× ☐ = ☐

㉑ 3+3+3+3+3+3+3+3=3× ☐ = ☐

㉒ 4+4+4=4× ☐ = ☐

㉓ 8+8+8+8+8+8+8=8× ☐ = ☐

㉔ 9+9+9+9+9=9× ☐ = ☐

㉕ $2+2+2+2+2=\boxed{}\times\boxed{}=\boxed{}$

㉖ $8+8=\boxed{}\times\boxed{}=\boxed{}$

㉗ $6+6+6=\boxed{}\times\boxed{}=\boxed{}$

㉘ $5+5+5+5+5+5+5=\boxed{}\times\boxed{}=\boxed{}$

㉙ $4+4+4+4+4+4+4+4+4=\boxed{}\times\boxed{}=\boxed{}$

㉚ $10+10+10+10+10=\boxed{}\times\boxed{}=\boxed{}$

㉛ $9+9+9+9=\boxed{}\times\boxed{}=\boxed{}$

㉜ $7+7+7+7+7=\boxed{}\times\boxed{}=\boxed{}$

㉝ $8+8+8+8+8+8+8+8=\boxed{}\times\boxed{}=\boxed{}$

㉞ $3+3+3=\boxed{}\times\boxed{}=\boxed{}$

㉟ $10+10+10+10=\boxed{}\times\boxed{}=\boxed{}$

㊱ $9+9+9+9+9+9=\boxed{}\times\boxed{}=\boxed{}$

㊲ $3+3+3+3+3=$ ☐ $\times$ ☐ $=$ ☐

㊳ $2+2+2+2+2+2+2=$ ☐ $\times$ ☐ $=$ ☐

㊴ $4+4+4+4+4+4=$ ☐ $\times$ ☐ $=$ ☐

㊵ $6+6+6+6+6=$ ☐ $\times$ ☐ $=$ ☐

㊶ $9+9+9+9+9+9+9+9=$ ☐ $\times$ ☐ $=$ ☐

㊷ $7+7+7+7+7+7=$ ☐ $\times$ ☐ $=$ ☐

㊸ $4+4+4+4+4+4+4+4=$ ☐ $\times$ ☐ $=$ ☐

㊹ $5+5+5+5=$ ☐ $\times$ ☐ $=$ ☐

㊺ $2+2+2+2+2+2+2+2=$ ☐ $\times$ ☐ $=$ ☐

㊻ $8+8+8+8+8+8+8+8+8=$ ☐ $\times$ ☐ $=$ ☐

㊼ $3+3+3+3+3+3+3+3+3=$ ☐ $\times$ ☐ $=$ ☐

㊽ $10+10+10+10+10+10+10=$ ☐ $\times$ ☐ $=$ ☐

06 곱셈을 여러 가지로 나타내기

곱셈은 여러 가지로 표현할 수 있어.

● 그림을 보고 빈칸에 알맞은 수를 써 보세요.

①

5씩 __3__ 묶음

5의 __3__ 배 5씩 3묶음은 5의 3배와 같아요.

5+ __5__ + __5__ = __15__

5× __3__ = __15__

②

6씩 ____ 묶음

6의 ____ 배

6+ ____ + ____ = ____

6× ____ = ____

③

3씩 ____ 묶음

3의 ____ 배

3+ ____ + ____ + ____ = ____

3× ____ = ____

④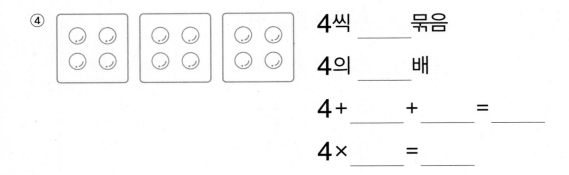

4씩 ＿＿＿＿묶음

4의 ＿＿＿＿배

4+ ＿＿＿ + ＿＿＿ = ＿＿＿

4× ＿＿＿ = ＿＿＿

⑤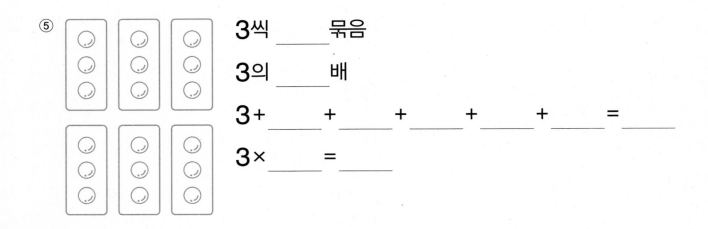

3씩 ＿＿＿＿묶음

3의 ＿＿＿배

3+ ＿＿＿ + ＿＿＿ + ＿＿＿ + ＿＿＿ + ＿＿＿ = ＿＿＿

3× ＿＿＿ = ＿＿＿

⑥

7씩 ＿＿＿＿묶음

7의 ＿＿＿배

7+ ＿＿＿ + ＿＿＿ + ＿＿＿ = ＿＿＿

7× ＿＿＿ = ＿＿＿

⑦

2씩 _____묶음

2의 _____배

2+_____+_____+_____+_____=_____

2×_____=_____

⑧

8씩 _____묶음

8의 _____배

8+_____+_____+_____=_____

8×_____=_____

⑨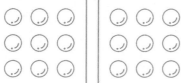

9씩 _____묶음

9의 _____배

9+_____+_____=_____

9×_____=_____

x2 2, 5단 곱셈구구

구구단을 외자!

● **2**단 곱셈구구

$$2 \times 1 = 2$$

$$2 \times 2 = 4$$

$$2 \times 3 = 6$$

$$2 \times 4 = 8$$

$$2 \times 5 = 10$$

$$2 \times 6 = 12$$

$$2 \times 7 = 14$$

$$2 \times 8 = 16$$

$$2 \times 9 = 18$$

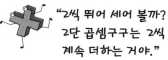

"2씩 뛰어 세어 볼까?
2단 곱셈구구는 2씩
계속 더하는 거야."

● **5**단 곱셈구구

$$5 \times 1 = 5$$

$$5 \times 2 = 10$$

$$5 \times 3 = 15$$

$$5 \times 4 = 20$$

$$5 \times 5 = 25$$

$$5 \times 6 = 30$$

$$5 \times 7 = 35$$

$$5 \times 8 = 40$$

$$5 \times 9 = 45$$

"5씩 뛰어 세어 볼까?
5단 곱셈구구는 5씩
계속 더하는 거야."

2개씩 묶음이 하나씩 늘어날 때마다 2개씩 많아져!

01 2단 묶어 세기

● 앵두의 수를 곱셈식으로 나타내 보세요.

① 2개씩 **1**묶음 ➡ 2× __1__ = __2__

앵두는 2개씩 많아져요.

② 2개씩 **2**묶음 ➡ 2× ____ = ____

③  2개씩 **3**묶음 ➡ 2× ____ = ____

④  2개씩 **4**묶음 ➡ 2× ____ = ____

⑤  2개씩 **5**묶음 ➡ 2× ____ = ____

⑥ 2개씩 **6**묶음 ➡ 2× ____ = ____

⑦

2개씩 **7**묶음 ➡ 2× ____ = ____

⑧

2개씩 **8**묶음 ➡ 2× ____ = ____

⑨

2개씩 **9**묶음 ➡ 2× ____ = ____

02 2단 뛰어 세기 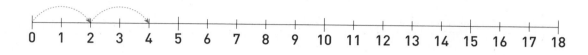 2씩 뛰어! 뛰어!

● 2씩 뛰어 세어 보고 곱셈식으로 나타내 보세요.

```
0  1  2  3  4  5  6  7  8  9  10  11  12  13  14  15  16  17  18
```

① 2씩 1번 ➡ 2× ___1___ = ___2___

1번 더 뛰면 2만큼 커져요.

② 2씩 2번 ➡ 2× _____ = _____

③ 2씩 3번 ➡ 2× _____ = _____

④ 2씩 4번 ➡ 2× _____ = _____

⑤ 2씩 5번 ➡ 2× _____ = _____

⑥ 2씩 6번 ➡ 2× _____ = _____

⑦ 2씩 7번 ➡ 2× _____ = _____

⑧ 2씩 8번 ➡ 2× _____ = _____

⑨ 2씩 9번 ➡ 2× _____ = _____

2를 █번 더하는 것은 2×█로 나타낼 수 있어.

03 덧셈식을 2단 곱셈식으로 나타내기

● 덧셈을 하고 곱셈식으로 나타내 보세요.

2를 여러 번 더하기	곱셈식으로 나타내기
① 2 2를 1번 더하면	2× 1 = 2 2 곱하기 1이에요.
② 2+2=____ 2를 2번 더하면	2× ____ = ____ 2 곱하기 2예요.
③ 2+2+2=____	2× ____ = ____
④ 2+2+2+2=____	2× ____ = ____
⑤ 2+2+2+2+2=____	2× ____ = ____
⑥ 2+2+2+2+2+2=____	2× ____ = ____
⑦ 2+2+2+2+2+2+2=____	2× ____ = ____
⑧ 2+2+2+2+2+2+2+2=____	2× ____ = ____
⑨ 2+2+2+2+2+2+2+2+2=____	2× ____ = ____

04 2단 곱셈구구

2단은 2씩 커져!

● 2단 곱셈구구를 완성해 보세요.

①

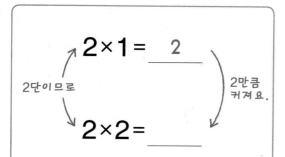

2×1 = __2__

2단이므로   2만큼 커져요.

2×2 = ____

2×3 = ____

2×4 = ____

2×5 = ____

2×6 = ____

2×7 = ____

2×8 = ____

2×9 = ____

②

2× ____ = 2

2×2 = ____

2×3 = ____

2× ____ = 8

2× ____ = 10

2×6 = ____

2×7 = ____

2× ____ = 16

2×9 = ____

곱셈의 원리

05 2단 가로셈

● 곱셈을 해 보세요.

① $2 \times 5 = 10$
　　이　오　십!

② $2 \times 3 =$

③ $2 \times 7 =$

④ $2 \times 1 =$

⑤ $2 \times 9 =$

⑥ $2 \times 4 =$

⑦ $2 \times 2 =$

⑧ $2 \times 6 =$

⑨ $2 \times 8 =$

⑩ $2 \times 10 =$

> 2단 곱셈구구는
> 2씩 커져요.
>
> $2 \times 9 = 18$
> $2 \times 10 = 20$ $\Big\}{+2}$

⑪ $2 \times 4 =$

⑫ $2 \times 7 =$

⑬ $2 \times 6 =$

⑭ $2 \times 5 =$

⑮ $2 \times 3 =$

⑯ $2 \times 9 =$

⑰ $2 \times 10 =$

⑱ $2 \times 2 =$

⑲ $2 \times 1 =$

⑳ $2 \times 8 =$

06 2단 곱셈표 완성하기

● 곱셈을 하여 빈칸에 알맞은 수를 써 보세요.

① 2×

1	2	3	4	5	6	7	8	9
2								

→ 2씩 커져요.

② 2×

9	8	7	6	5	4	3	2	1
18								

→ 2씩 작아져요.

③ 2×

8	2	5	3	9	4	7	1	6

④ 2×

5	7	1	3	6	9	2	4	8

2단 곱셈구구는 2씩 커지는 규칙이 있어.

07 2단 곱셈표에서 규칙 찾기

● 곱셈을 하여 빈칸에 알맞은 수를 써 보세요.

①
×	1	2	3	4	5	6
2	2	4				

곱하는 수가 1씩 커질 때마다

+ 2 +☐ +☐ +☐ +☐   앞의 곱에 2씩 더해요.

②
×	4	5	6	7	8	9
2						

+☐ +☐ +☐ +☐ +☐

③
×	2	4	6	8
2				

곱하는 수가 2씩 커질 때마다

+☐ +☐ +☐   앞의 곱에 4씩 더해요.

④
×	1	3	5	7	9
2					

+☐ +☐ +☐ +☐

08 2단 곱셈구구 찾아 색칠하기

2단 곱셈구구를 외워 보자.

● 곱이 7보다 크고 15보다 작은 곳을 모두 찾아 색칠해 보세요.

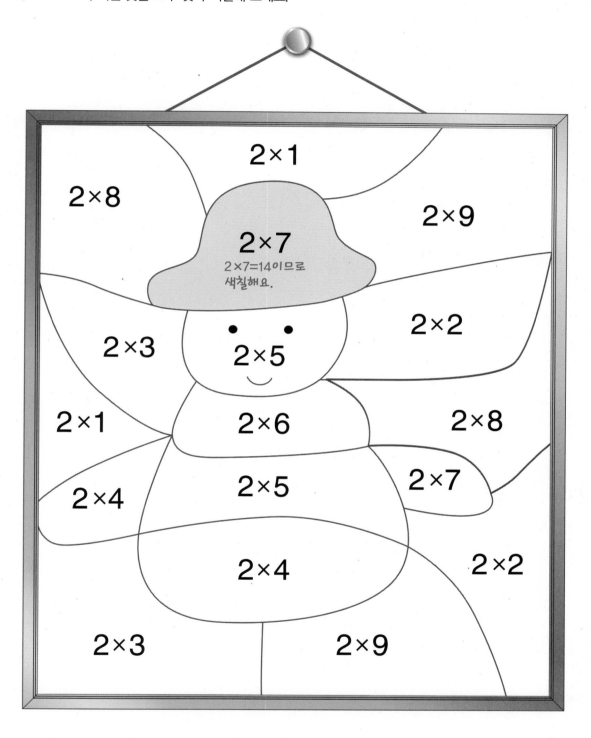

2×1

2×8

2×9

2×7
2×7=14이므로
색칠해요.

2×3

2×5

2×2

2×1

2×6

2×8

2×4

2×5

2×7

2×4

2×2

2×3

2×9

5장씩 묶음이 하나씩 늘어날 때마다 5장씩 많아져!

09 5단 묶어 세기

● 꽃잎의 수를 곱셈식으로 나타내 보세요.

① 5장씩 **1**송이 ➡ 5× ___1___ = ___5___

꽃잎은 5장씩 많아져요.

② 5장씩 **2**송이 ➡ 5× _____ = _____

③ 5장씩 **3**송이 ➡ 5× _____ = _____

④ 5장씩 **4**송이 ➡ 5× _____ = _____

⑤ 5장씩 **5**송이 ➡ 5× _____ = _____

⑥ 5장씩 **6**송이 ➡ 5× _____ = _____

⑦ 5장씩 **7**송이 ➡ 5× _____ = _____

⑧ 5장씩 **8**송이 ➡ 5× _____ = _____

⑨ 5장씩 **9**송이 ➡ 5× _____ = _____

10 5단 뛰어 세기  5씩 뛰어! 뛰어!

● 5씩 뛰어 세어 보고 곱셈식으로 나타내 보세요.

```
0    5    10   15   20   25   30   35   40   45
```

① 5씩 1번 ➡ 5× __1__ = __5__

1번 더 뛰면 5만큼 커져요.

② 5씩 2번 ➡ 5× ____ = ____

③ 5씩 3번 ➡ 5× ____ = ____

④ 5씩 4번 ➡ 5× ____ = ____

⑤ 5씩 5번 ➡ 5× ____ = ____

⑥ 5씩 6번 ➡ 5× ____ = ____

⑦ 5씩 7번 ➡ 5× ____ = ____

⑧ 5씩 8번 ➡ 5× ____ = ____

⑨ 5씩 9번 ➡ 5× ____ = ____

5, 10, 15, 20, ...

5단은 일의 자리에 5와 0이 반복되어 외우기 쉽지!

5를 ■번 더하는 것은 5×■로 나타낼 수 있어.

11 덧셈식을 5단 곱셈식으로 나타내기

● 덧셈을 하고 곱셈식으로 나타내 보세요.

5를 여러 번 더하기	곱셈식으로 나타내기
① 5 5를 1번 더하면	5× __1__ = __5__ 5 곱하기 1이에요.
② 5+5= ____ 5를 2번 더하면	5× ____ = ____ 5 곱하기 2예요.
③ 5+5+5= ____	5× ____ = ____
④ 5+5+5+5= ____	5× ____ = ____
⑤ 5+5+5+5+5= ____	5× ____ = ____
⑥ 5+5+5+5+5+5= ____	5× ____ = ____
⑦ 5+5+5+5+5+5+5= ____	5× ____ = ____
⑧ 5+5+5+5+5+5+5+5= ____	5× ____ = ____
⑨ 5+5+5+5+5+5+5+5+5= ____	5× ____ = ____

12 5단 곱셈구구

5단은 5씩 커져!

● 5단 곱셈구구를 완성해 보세요.

①

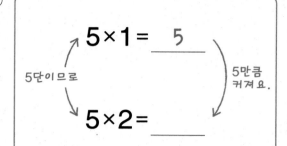

5 × 1 = __5__

5단이므로

5만큼 커져요.

5 × 2 = ____

5 × 3 = ____

5 × 4 = ____

5 × 5 = ____

5 × 6 = ____

5 × 7 = ____

5 × 8 = ____

5 × 9 = ____

②

5 × 1 = ____

5 × ____ = 10

5 × 3 = ____

5 × 4 = ____

5 × ____ = 25

5 × ____ = 30

5 × 7 = ____

5 × ____ = 40

5 × ____ = 45

곱셈의 원리

13 5단 가로셈

● 곱셈을 해 보세요.

① 5×3= 15
　오　삼　십오!

② 5×2=

③ 5×6=

④ 5×4=

⑤ 5×1=

⑥ 5×9=

⑦ 5×5=

⑧ 5×8=

5단 곱셈구구는
5씩 커져요.

5×9=45 ⎫
5×10=50 ⎭ +5

⑨ 5×10=

⑩ 5×7=

⑪ 5×4=

⑫ 5×3=

⑬ 5×2=

⑭ 5×1=

⑮ 5×8=

⑯ 5×6=

⑰ 5×9=

⑱ 5×10=

⑲ 5×7=

⑳ 5×5=

곱셈의 원리

곱해지는 수가 5이므로 곱하는 수가 1씩 커지면 곱은 5씩 커져.

● 곱셈을 하여 빈칸에 알맞은 수를 써 보세요.

①

5×

1	2	3	4	5	6	7	8	9
5								

5씩 커져요.

②

5×

9	8	7	6	5	4	3	2	1
45								

5씩 작아져요.

③

5×

6	3	4	7	2	5	9	1	8

④

5×

2	9	6	3	8	4	1	5	7

● 곱셈을 하여 빈칸에 알맞은 수를 써 보세요.

①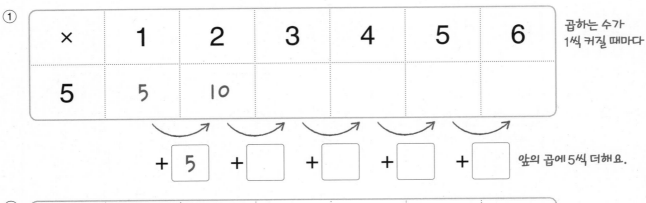

×	1	2	3	4	5	6
5	5	10				

곱하는 수가 1씩 커질 때마다

$+ \boxed{5}$ $+ \boxed{}$ $+ \boxed{}$ $+ \boxed{}$ $+ \boxed{}$

앞의 곱에 5씩 더해요.

②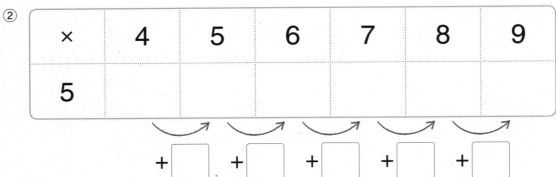

×	4	5	6	7	8	9
5						

$+ \boxed{}$ $+ \boxed{}$ $+ \boxed{}$ $+ \boxed{}$ $+ \boxed{}$

③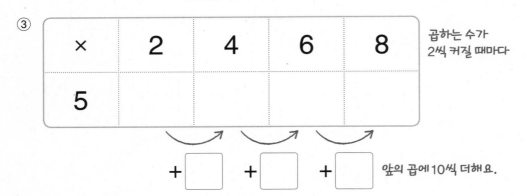

×	2	4	6	8
5				

곱하는 수가 2씩 커질 때마다

$+ \boxed{}$ $+ \boxed{}$ $+ \boxed{}$

앞의 곱에 10씩 더해요.

④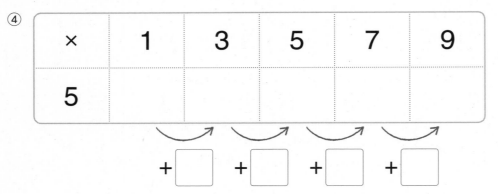

×	1	3	5	7	9
5					

$+ \boxed{}$ $+ \boxed{}$ $+ \boxed{}$ $+ \boxed{}$

16 5단 곱셈구구 길 찾기

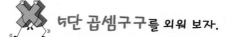

● 곱을 찾아 선으로 이어 보세요.

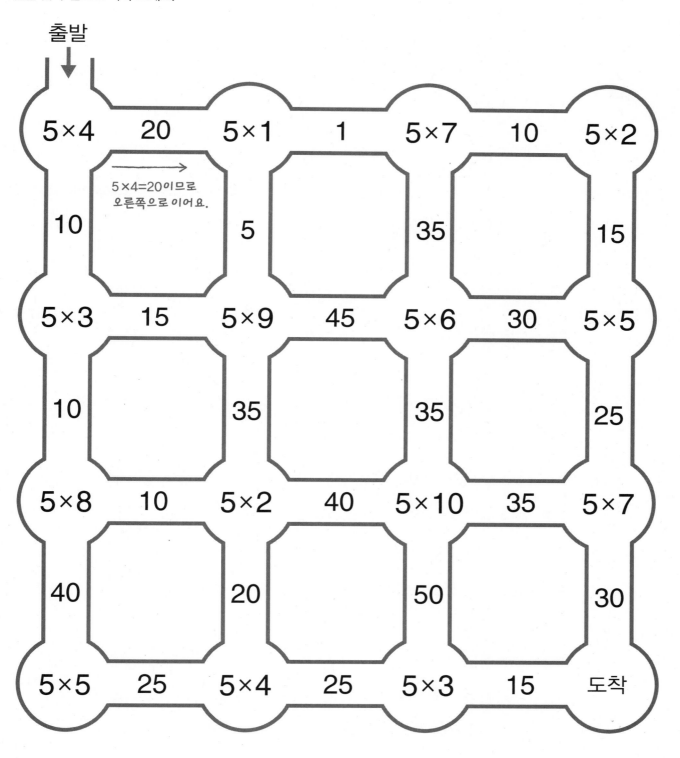

출발

| 5×4 | 20 | 5×1 | 1 | 5×7 | 10 | 5×2 |

→
5×4=20이므로
오른쪽으로 이어요.

10　　　5　　　35　　　15

| 5×3 | 15 | 5×9 | 45 | 5×6 | 30 | 5×5 |

10　　　35　　　35　　　25

| 5×8 | 10 | 5×2 | 40 | 5×10 | 35 | 5×7 |

40　　　20　　　50　　　30

| 5×5 | 25 | 5×4 | 25 | 5×3 | 15 | 도착 |

×3   3, 6단 곱셈구구

구구단을 외자!

● 3단 곱셈구구

3×1=3

3×2=6

3×3=9

3×4=12

3×5=15

3×6=18

3×7=21

3×8=24

3×9=27

"3씩 뛰어 세어 볼까?
3단 곱셈구구는 3씩
계속 더하는 거야."

● 6단 곱셈구구

6×1=6

6×2=12

6×3=18

6×4=24

6×5=30

6×6=36

6×7=42

6×8=48

6×9=54

"6씩 뛰어 세어 볼까?
6단 곱셈구구는 6씩
계속 더하는 거야."

3개씩 묶음이 하나씩 늘어날 때마다 3개씩 많아져!

01 3단 묶어 세기

● 세발자전거의 바퀴 수를 곱셈식으로 나타내 보세요.

① 3개씩 1대 ➡ 3×___1___ = ___3___

바퀴는 3개씩 많아져요.

② 3개씩 2대 ➡ 3×____ = ____

③ 3개씩 3대 ➡ 3×____ = ____

④ 3개씩 4대 ➡ 3×____ = ____

⑤ 3개씩 5대 ➡ 3×____ = ____

⑥ 3개씩 6대 ➡ 3×____ = ____

⑦ 3개씩 7대 ➡ 3×____ = ____

⑧ 3개씩 8대 ➡ 3×____ = ____

⑨ 3개씩 9대 ➡ 3×____ = ____

02 3단 뛰어 세기  3씩 뛰어! 뛰어!

● 3씩 뛰어 세어 보고 곱셈식으로 나타내 보세요.

```
0       5       10      15      20      25      30
```

① 3씩 1번 ➡ 3× _1_ = _3_

1번 더 뛰면 3만큼 커져요.

② 3씩 2번 ➡ 3×____ = ____

③ 3씩 3번 ➡ 3×____ = ____

④ 3씩 4번 ➡ 3×____ = ____

⑤ 3씩 5번 ➡ 3×____ = ____

⑥ 3씩 6번 ➡ 3×____ = ____

⑦ 3씩 7번 ➡ 3×____ = ____

⑧ 3씩 8번 ➡ 3×____ = ____

⑨ 3씩 9번 ➡ 3×____ = ____

3을 ■번 더하는 것은 3× ■로 나타낼 수 있어.

03 덧셈식을 3단 곱셈식으로 나타내기

● 덧셈을 하고 곱셈식으로 나타내 보세요.

3을 여러 번 더하기	곱셈식으로 나타내기
① **3** 3을 1번 더하면	**3×** ___1___ **=** ___3___ 3 곱하기 1이에요.
② **3+3=** ___ 3을 2번 더하면	**3×** ___ **=** ___ 3 곱하기 2예요.
③ **3+3+3=** ___	**3×** ___ **=** ___
④ **3+3+3+3=** ___	**3×** ___ **=** ___
⑤ **3+3+3+3+3=** ___	**3×** ___ **=** ___
⑥ **3+3+3+3+3+3=** ___	**3×** ___ **=** ___
⑦ **3+3+3+3+3+3+3=** ___	**3×** ___ **=** ___
⑧ **3+3+3+3+3+3+3+3=** ___	**3×** ___ **=** ___
⑨ **3+3+3+3+3+3+3+3+3=** ___	**3×** ___ **=** ___

04 3단 곱셈구구

3단은 3씩 커져!

● 3단 곱셈구구를 완성해 보세요.

①

$3 \times 1 = \underline{\quad 3 \quad}$

3단이므로

3만큼 커져요.

$3 \times 2 = \underline{\qquad}$

$3 \times 3 = \underline{\qquad}$

$3 \times 4 = \underline{\qquad}$

$3 \times 5 = \underline{\qquad}$

$3 \times 6 = \underline{\qquad}$

$3 \times 7 = \underline{\qquad}$

$3 \times 8 = \underline{\qquad}$

$3 \times 9 = \underline{\qquad}$

②

$3 \times \underline{\qquad} = 3$

$3 \times 2 = \underline{\qquad}$

$3 \times 3 = \underline{\qquad}$

$3 \times \underline{\qquad} = 12$

$3 \times 5 = \underline{\qquad}$

$3 \times \underline{\qquad} = 18$

$3 \times \underline{\qquad} = 21$

$3 \times \underline{\qquad} = 24$

$3 \times 9 = \underline{\qquad}$

곱셈의 원리

05 3단 가로셈

● 곱셈을 해 보세요.

① $3 \times 2 = 6$
삼 이 육!

② $3 \times 5 =$

③ $3 \times 1 =$

④ $3 \times 6 =$

⑤ $3 \times 4 =$

⑥ $3 \times 7 =$

⑦ $3 \times 9 =$

⑧ $3 \times 10 =$

> 3단 곱셈구구는
> 3씩 커져요.
>
> $3 \times 9 = 27$
> $3 \times 10 = 30$ $+3$

⑨ $3 \times 3 =$

⑩ $3 \times 8 =$

⑪ $3 \times 5 =$

⑫ $3 \times 1 =$

⑬ $3 \times 2 =$

⑭ $3 \times 9 =$

⑮ $3 \times 7 =$

⑯ $3 \times 3 =$

⑰ $3 \times 6 =$

⑱ $3 \times 8 =$

⑲ $3 \times 10 =$

⑳ $3 \times 4 =$

06 3단 곱셈표 완성하기

곱해지는 수가 3이므로 곱은 3씩 커져.

● 곱셈을 하여 빈칸에 알맞은 수를 써 보세요.

① 3×

1	2	3	4	5	6	7	8	9
3								

→ 3씩 커져요.

② 3×

9	8	7	6	5	4	3	2	1
27								

→ 3씩 작아져요.

③ 3×

7	3	1	4	8	5	9	6	2

④ 3×

5	4	2	9	1	8	7	3	6

3단 곱셈구구는 3씩 커지는 규칙이 있어.

07 3단 곱셈표에서 규칙 찾기

● 곱셈을 하여 빈칸에 알맞은 수를 써 보세요.

①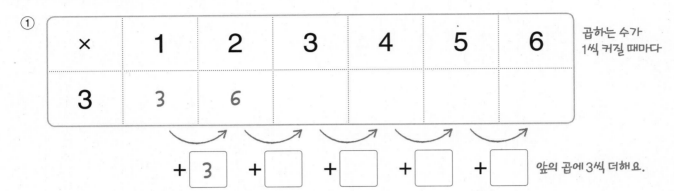

곱하는 수가
1씩 커질 때마다

앞의 곱에 3씩 더해요.

②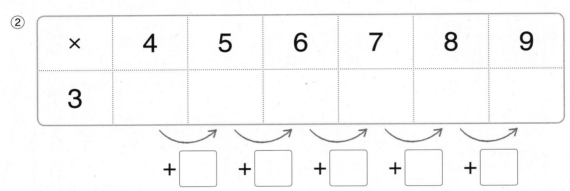

③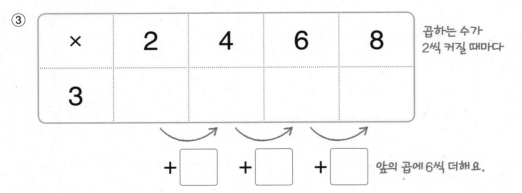

곱하는 수가
2씩 커질 때마다

앞의 곱에 6씩 더해요.

④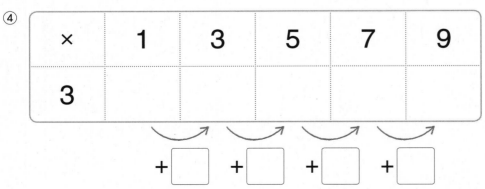

08 3단 곱셈구구 미로 탈출하기

3단 곱셈구구를 외워 보자.

● 바르게 계산한 식을 따라 선으로 이어 보세요.

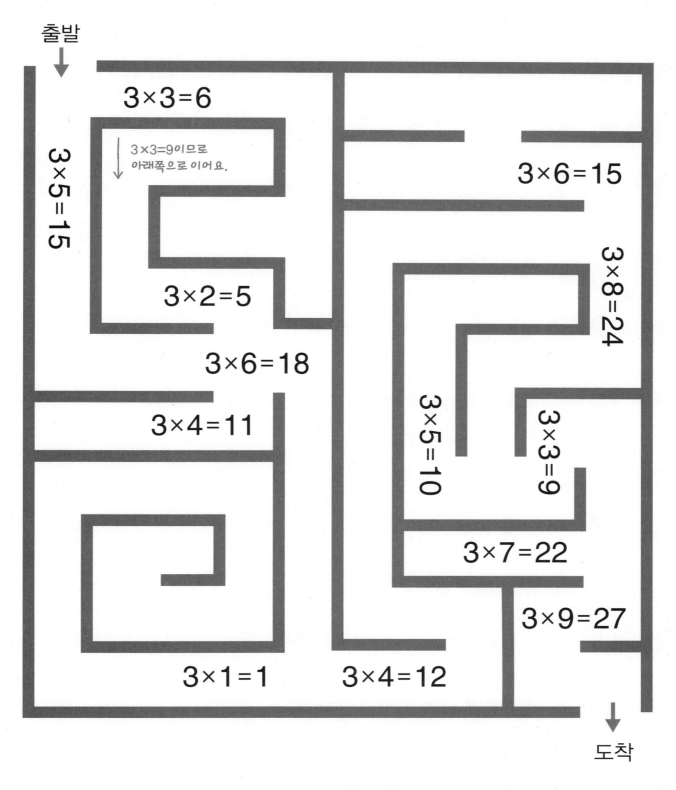

출발

$3 \times 3 = 6$

$3 \times 3 = 9$이므로 아래쪽으로 이어요.

$3 \times 5 = 15$

$3 \times 6 = 15$

$3 \times 2 = 5$

$3 \times 8 = 24$

$3 \times 6 = 18$

$3 \times 4 = 11$

$3 \times 5 = 10$

$3 \times 3 = 9$

$3 \times 7 = 22$

$3 \times 9 = 27$

$3 \times 1 = 1$

$3 \times 4 = 12$

도착

09 6단 묶어 세기

6알씩 묶음이 하나씩 늘어날 때마다 6알씩 많아져!

● 포도알의 수를 곱셈식으로 나타내 보세요.

① 6알씩 **1**송이 ➡ 6× _ㅣ_ = _6_

포도알은 6알씩 많아져요.

② 6알씩 **2**송이 ➡ 6×____ = ____

③ 6알씩 **3**송이 ➡ 6×____ = ____

④ 6알씩 **4**송이 ➡ 6×____ = ____

⑤ 6알씩 **5**송이 ➡ 6×____ = ____

⑥ 6알씩 **6**송이 ➡ 6×____ = ____

⑦

6알씩 **7**송이 ➡ 6×____ = ____

⑧

6알씩 **8**송이 ➡ 6×____ = ____

⑨

6알씩 **9**송이 ➡ 6×____ = ____

10 6단 뛰어 세기  6씩 뛰어! 뛰어!

● 6씩 뛰어 세어 보고 곱셈식으로 나타내 보세요.

```
0        10        20        30        40        50
```

① 6씩 1번 ➡ 6 × __1__ = __6__

　　　　　　　　　　　　　　　1번 더 뛰면 6만큼 커져요.

② 6씩 2번 ➡ 6 × ____ = ____

③ 6씩 3번 ➡ 6 × ____ = ____

④ 6씩 4번 ➡ 6 × ____ = ____

⑤ 6씩 5번 ➡ 6 × ____ = ____

⑥ 6씩 6번 ➡ 6 × ____ = ____

⑦ 6씩 7번 ➡ 6 × ____ = ____

⑧ 6씩 8번 ➡ 6 × ____ = ____

⑨ 6씩 9번 ➡ 6 × ____ = ____

> 3단에서 6단을 찾을 수 있어!
>
> 3, 6, 9, 12, 15, 18, …

57

6을 ■번 더하는 것은 6×■로 나타낼 수 있어.

11 덧셈식을 6단 곱셈식으로 나타내기

● 덧셈을 하고 곱셈식으로 나타내 보세요.

6을 여러 번 더하기	곱셈식으로 나타내기
① 6 6을 1번 더하면	6× _1_ = _6_ 6 곱하기 1이에요.
② 6+6= _____ 6을 2번 더하면	6× _____ = _____ 6 곱하기 2예요.
③ 6+6+6= _____	6× _____ = _____
④ 6+6+6+6= _____	6× _____ = _____
⑤ 6+6+6+6+6= _____	6× _____ = _____
⑥ 6+6+6+6+6+6= _____	6× _____ = _____
⑦ 6+6+6+6+6+6+6= _____	6× _____ = _____
⑧ 6+6+6+6+6+6+6+6= _____	6× _____ = _____
⑨ 6+6+6+6+6+6+6+6+6= _____	6× _____ = _____

12 6단 곱셈구구

6단은 6씩 커져!

● 6단 곱셈구구를 완성해 보세요.

①

$6 \times 1 = \underline{\quad 6 \quad}$

6단이므로

6만큼 커져요.

$6 \times 2 = \underline{\qquad}$

$6 \times 3 = \underline{\qquad}$

$6 \times 4 = \underline{\qquad}$

$6 \times 5 = \underline{\qquad}$

$6 \times 6 = \underline{\qquad}$

$6 \times 7 = \underline{\qquad}$

$6 \times 8 = \underline{\qquad}$

$6 \times 9 = \underline{\qquad}$

②

$6 \times \underline{\qquad} = 6$

$6 \times 2 = \underline{\qquad}$

$6 \times \underline{\qquad} = 18$

$6 \times \underline{\qquad} = 24$

$6 \times \underline{\qquad} = 30$

$6 \times 6 = \underline{\qquad}$

$6 \times 7 = \underline{\qquad}$

$6 \times \underline{\qquad} = 48$

$6 \times 9 = \underline{\qquad}$

곱셈의 원리

13 6단 가로셈

● 곱셈을 해 보세요.

① 6×4 = 24
　 육　 사　 이십사!

② 6×1 =

③ 6×5 =

④ 6×7 =

⑤ 6×3 =

⑥ 6×8 =

> 6단 곱셈구구는 6씩 커져요.
>
> 6×9=54 $\searrow$ +6
> 6×10=60 $\swarrow$

⑦ 6×10 =

⑧ 6×2 =

⑨ 6×9 =

⑩ 6×6 =

⑪ 6×2 =

⑫ 6×5 =

⑬ 6×8 =

⑭ 6×4 =

⑮ 6×7 =

⑯ 6×9 =

⑰ 6×1 =

⑱ 6×3 =

⑲ 6×6 =

⑳ 6×10 =

14 6단 곱셈표 완성하기

곱해지는 수가 6이므로 곱은 6씩 커져.

● 곱셈을 하여 빈칸에 알맞은 수를 써 보세요.

① 6×

1	2	3	4	5	6	7	8	9
6								

6씩 커져요.

② 6×

9	8	7	6	5	4	3	2	1
54								

6씩 작아져요.

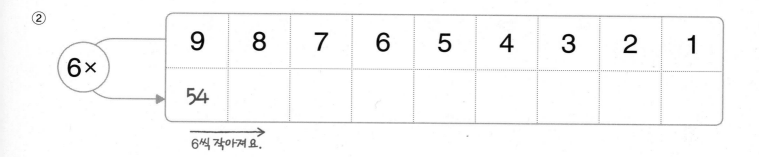

③ 6×

4	1	6	9	5	3	7	2	8

④ 6×

3	7	4	2	9	1	8	6	5

15 6단 곱셈표에서 규칙 찾기

● 곱셈을 하여 빈칸에 알맞은 수를 써 보세요.

①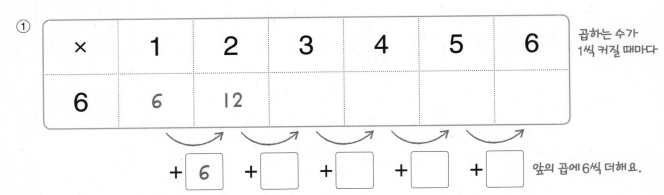

곱하는 수가
1씩 커질 때마다

앞의 곱에 6씩 더해요.

②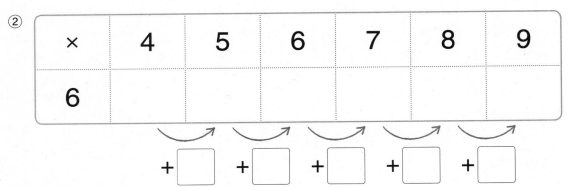

③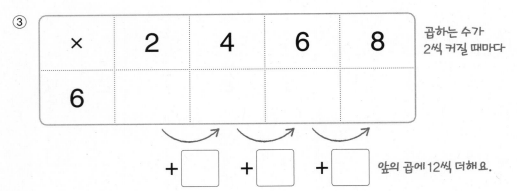

곱하는 수가
2씩 커질 때마다

앞의 곱에 12씩 더해요.

④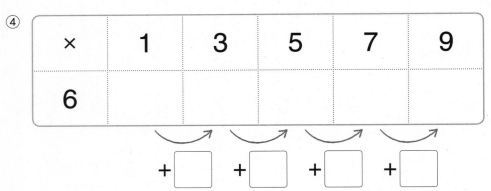

16 6단 곱셈구구 찾아 색칠하기

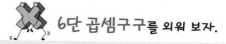 6단 곱셈구구를 외워 보자.

● 곱이 20보다 크고 50보다 작은 곳을 모두 찾아 색칠해 보세요.

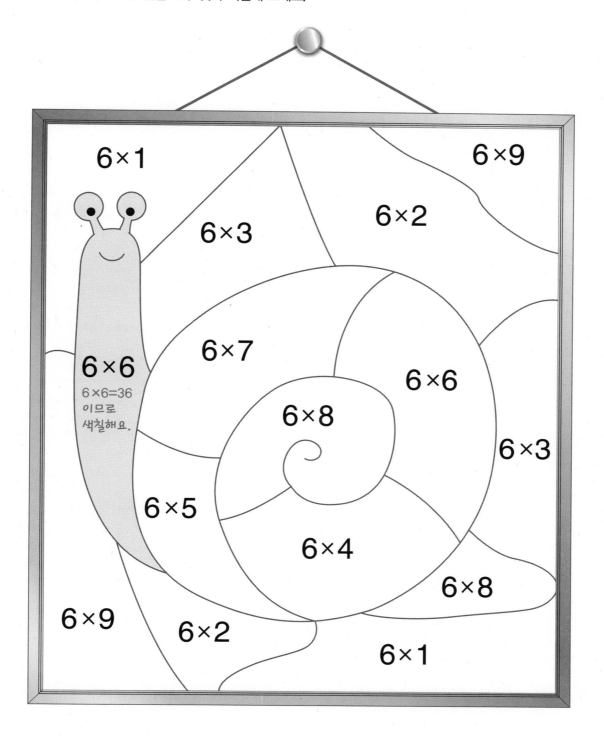

×4 4, 8단 곱셈구구

구구단을 외자!

● 4단 곱셈구구

$4 \times 1 = 4$

$4 \times 2 = 8$

$4 \times 3 = 12$

$4 \times 4 = 16$

$4 \times 5 = 20$

$4 \times 6 = 24$

$4 \times 7 = 28$

$4 \times 8 = 32$

$4 \times 9 = 36$

 "4씩 뛰어 세어 볼까? 4단 곱셈구구는 4씩 계속 더하는 거야."

● 8단 곱셈구구

$8 \times 1 = 8$

$8 \times 2 = 16$

$8 \times 3 = 24$

$8 \times 4 = 32$

$8 \times 5 = 40$

$8 \times 6 = 48$

$8 \times 7 = 56$

$8 \times 8 = 64$

$8 \times 9 = 72$

"8씩 뛰어 세어 볼까? 8단 곱셈구구는 8씩 계속 더하는 거야."

01 4단 묶어 세기

나개씩 묶음이 하나씩 늘어날 때마다 4개씩 많아져!

● 바나나의 수를 곱셈식으로 나타내 보세요.

① 4개씩 1묶음 ➡ 4 × ___1___ = ___4___

바나나는 4개씩 많아져요.

②  4개씩 2묶음 ➡ 4 × _____ = _____

③ 4개씩 3묶음 ➡ 4 × _____ = _____

④ 4개씩 4묶음 ➡ 4 × _____ = _____

⑤ 4개씩 5묶음 ➡ 4 × _____ = _____

⑥ 4개씩 6묶음 ➡ 4 × _____ = _____

⑦

4개씩 7묶음 ➡ 4 × _____ = _____

⑧

4개씩 8묶음 ➡ 4 × _____ = _____

⑨

4개씩 9묶음 ➡ 4 × _____ = _____

02 4단 뛰어 세기  4씩 뛰어! 뛰어!

● 4씩 뛰어 세어 보고 곱셈식으로 나타내 보세요.

```
   0        5        10       15       20       25       30       35
```

① 4씩 1번 ➡ 4 × __1__ = __4__

⎫ 1번 더 뛰면 4만큼 커져요.

② 4씩 2번 ➡ 4 × ____ = ____

③ 4씩 3번 ➡ 4 × ____ = ____

④ 4씩 4번 ➡ 4 × ____ = ____

⑤ 4씩 5번 ➡ 4 × ____ = ____

⑥ 4씩 6번 ➡ 4 × ____ = ____

⑦ 4씩 7번 ➡ 4 × ____ = ____

⑧ 4씩 8번 ➡ 4 × ____ = ____

⑨ 4씩 9번 ➡ 4 × ____ = ____

2단에서 4단을 찾을 수 있어!

2, 4, 6, 8, 10, 12, …

4를 ■번 더하는 것은 4×■로 나타낼 수 있어.

03 덧셈식을 4단 곱셈식으로 나타내기

● 덧셈을 하고 곱셈식으로 나타내 보세요.

4를 여러 번 더하기	곱셈식으로 나타내기
① 4 4를 1번 더하면	4× __1__ = __4__ 4 곱하기 1이에요.
② 4+4= _____ 4를 2번 더하면	4× _____ = _____ 4 곱하기 2예요.
③ 4+4+4= _____	4× _____ = _____
④ 4+4+4+4= _____	4× _____ = _____
⑤ 4+4+4+4+4= _____	4× _____ = _____
⑥ 4+4+4+4+4+4= _____	4× _____ = _____
⑦ 4+4+4+4+4+4+4= _____	4× _____ = _____
⑧ 4+4+4+4+4+4+4+4= _____	4× _____ = _____
⑨ 4+4+4+4+4+4+4+4+4= _____	4× _____ = _____

04 4단 곱셈구구

4단은 4씩 커져!

● 4단 곱셈구구를 완성해 보세요.

①
$$4 \times 1 = \underline{\quad 4 \quad}$$

4단이므로

4만큼 커져요.

$$4 \times 2 = \underline{\qquad}$$

$$4 \times 3 = \underline{\qquad}$$

$$4 \times 4 = \underline{\qquad}$$

$$4 \times 5 = \underline{\qquad}$$

$$4 \times 6 = \underline{\qquad}$$

$$4 \times 7 = \underline{\qquad}$$

$$4 \times 8 = \underline{\qquad}$$

$$4 \times 9 = \underline{\qquad}$$

②
$$4 \times \underline{\qquad} = 4$$

$$4 \times 2 = \underline{\qquad}$$

$$4 \times \underline{\qquad} = 12$$

$$4 \times \underline{\qquad} = 16$$

$$4 \times 5 = \underline{\qquad}$$

$$4 \times 6 = \underline{\qquad}$$

$$4 \times \underline{\qquad} = 28$$

$$4 \times 8 = \underline{\qquad}$$

$$4 \times 9 = \underline{\qquad}$$

곱셈의 원리

05 4단 가로셈

● 곱셈을 해 보세요.

① 4×3 = 12
사 삼 십이!

② 4×1 =

③ 4×4 =

④ 4×5 =

⑤ 4×7 =

⑥ 4×2 =

⑦ 4×9 =

⑧ 4×6 =

⑨ 4×8 =

⑩ 4×10 =

> 4단 곱셈구구는 4씩 커져요.
>
> 4×9 = 36
> 4×10 = 40 +4

⑪ 4×5 =

⑫ 4×3 =

⑬ 4×2 =

⑭ 4×4 =

⑮ 4×10 =

⑯ 4×9 =

⑰ 4×1 =

⑱ 4×7 =

⑲ 4×6 =

⑳ 4×8 =

06 4단 곱셈표 완성하기

곱해지는 수가 4이므로 곱은 4씩 커져.

● 곱셈을 하여 빈칸에 알맞은 수를 써 보세요.

①

4×

1	2	3	4	5	6	7	8	9
4								

→ 4씩 커져요.

②

4×

9	8	7	6	5	4	3	2	1
36								

→ 4씩 작아져요.

③

4×

5	3	6	9	7	1	4	2	8

④

4×

4	1	8	6	7	2	5	9	3

07 4단 곱셈표에서 규칙 찾기

4단 곱셈구구는 4씩 커지는 규칙이 있어.

● 곱셈을 하여 빈칸에 알맞은 수를 써 보세요.

①

×	1	2	3	4	5	6
4	4	8				

곱하는 수가 1씩 커질 때마다

+ 4   +   +   +   +   앞의 곱에 4씩 더해요.

②

×	4	5	6	7	8	9
4						

+   +   +   +   +

③

×	2	4	6	8
4				

곱하는 수가 2씩 커질 때마다

+   +   +   앞의 곱에 8씩 더해요.

④

×	1	3	5	7	9
4					

+   +   +   +

08 4단 곱셈구구 퍼즐 완성하기

4단 곱셈구구를 외워 보자.

● 빈칸에 알맞은 수를 써 보세요.

①

4	×	2	=			
×		×				
5		2				4
=		=				×
			×	1	=	
						=
		2	×		=	

②

		4	×	1	=	
		×				×
3		2	×	3	=	
×		=				=
	×		=	32		
=						

8개씩 묶음이 하나씩 늘어날 때마다 8개씩 많아져!

09 8단 묶어 세기

● 구슬의 수를 곱셈식으로 나타내 보세요.

① 8개씩 1묶음 ➡ 8 × __1__ = __8__

구슬은 8개씩 많아져요.

② 8개씩 2묶음 ➡ 8 × ____ = ____

③ 8개씩 3묶음 ➡ 8 × ____ = ____

④ 8개씩 4묶음 ➡ 8 × ____ = ____

⑤ 8개씩 5묶음 ➡ 8 × ____ = ____

⑥ 8개씩 6묶음 ➡ 8 × ____ = ____

⑦ 8개씩 7묶음 ➡ 8 × ____ = ____

⑧ 8개씩 8묶음 ➡ 8 × ____ = ____

⑨ 8개씩 9묶음 ➡ 8 × ____ = ____

10 8단 뛰어 세기 8씩 뛰어! 뛰어!

● 8부터 8씩 뛰어 센 수에 모두 ○표 하고, 곱셈식으로 나타내 보세요.

1	2	3	4	5	6	7	⑧	9	10	11	12	13	14	15
⑯	17	18	19	20	21	22	23	24	25	26	27	28	29	30
31	32	33	34	35	36	37	38	39	40	41	42	43	44	45
46	47	48	49	50	51	52	53	54	55	56	57	58	59	60
61	62	63	64	65	66	67	68	69	70	71	72	73	74	75

① 8씩 1번 ➡ 8 × __1__ = __8__

1번 더 뛰면 8만큼 커져요.

② 8씩 2번 ➡ 8 × ____ = ____

③ 8씩 3번 ➡ 8 × ____ = ____

④ 8씩 4번 ➡ 8 × ____ = ____

⑤ 8씩 5번 ➡ 8 × ____ = ____

⑥ 8씩 6번 ➡ 8 × ____ = ____

⑦ 8씩 7번 ➡ 8 × ____ = ____

⑧ 8씩 8번 ➡ 8 × ____ = ____

⑨ 8씩 9번 ➡ 8 × ____ = ____

8을 ■번 더하는 것은 8×■로 나타낼 수 있어.

11 덧셈식을 8단 곱셈식으로 나타내기

● 덧셈을 하고 곱셈식으로 나타내 보세요.

8을 여러 번 더하기	곱셈식으로 나타내기
① **8** 8을 1번 더하면	**8× 1 = 8** 8 곱하기 1이에요.
② **8+8=** ____ 8을 2번 더하면	**8×** ____ **=** ____ 8 곱하기 2예요.
③ **8+8+8=** ____	**8×** ____ **=** ____
④ **8+8+8+8=** ____	**8×** ____ **=** ____
⑤ **8+8+8+8+8=** ____	**8×** ____ **=** ____
⑥ **8+8+8+8+8+8=** ____	**8×** ____ **=** ____
⑦ **8+8+8+8+8+8+8=** ____	**8×** ____ **=** ____
⑧ **8+8+8+8+8+8+8+8=** ____	**8×** ____ **=** ____
⑨ **8+8+8+8+8+8+8+8+8=** ____	**8×** ____ **=** ____

● 8단 곱셈구구를 완성해 보세요.

①

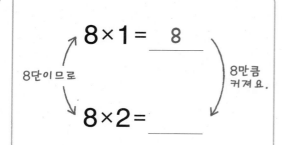

8×1 = __8__

8단이므로

8만큼 커져요.

8×2 = _____

8×3 = _____

8×4 = _____

8×5 = _____

8×6 = _____

8×7 = _____

8×8 = _____

8×9 = _____

②

8×1 = _____

8× _____ = 16

8× _____ = 24

8×4 = _____

8× _____ = 40

8×6 = _____

8× _____ = 56

8× _____ = 64

8×9 = _____

곱셈의 원리

13 8단 가로셈

● 곱셈을 해 보세요.

① 8×2= 16
팔 이 십육!

② 8×1=

③ 8×4=

④ 8×6=

⑤ 8×5=

⑥ 8×9=

⑦ 8×3=

⑧ 8×10=

> 8단 곱셈구구는
> 8씩 커져요.
>
> 8×9=72 ⎫
> 8×10=80 ⎭ +8

⑨ 8×8=

⑩ 8×7=

⑪ 8×9=

⑫ 8×4=

⑬ 8×1=

⑭ 8×5=

⑮ 8×7=

⑯ 8×8=

⑰ 8×6=

⑱ 8×3=

⑲ 8×10=

⑳ 8×2=

14 8단 곱셈표 완성하기

● 곱셈을 하여 빈칸에 알맞은 수를 써 보세요.

①

8×

1	2	3	4	5	6	7	8	9
8								

→ 8씩 커져요.

②

8×

9	8	7	6	5	4	3	2	1
72								

→ 8씩 작아져요.

③

8×

3	6	5	1	9	8	2	4	7

④

8×

5	1	7	3	8	4	2	9	6

15 8단 곱셈표에서 규칙 찾기

8단 곱셈구구는 8씩 커지는 규칙이 있어.

● 곱셈을 하여 빈칸에 알맞은 수를 써 보세요.

①

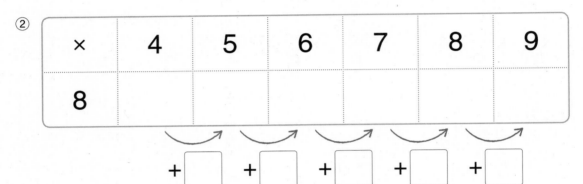

×	1	2	3	4	5	6
8	8	16				

곱하는 수가
1씩 커질 때마다

+ 8 +□ +□ +□ +□   앞의 곱에 8씩 더해요.

②

×	4	5	6	7	8	9
8						

+□ +□ +□ +□ +□

③

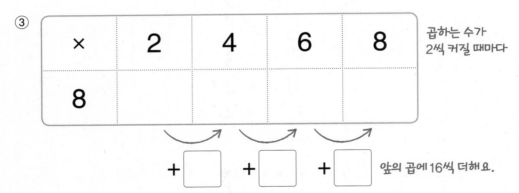

×	2	4	6	8
8				

곱하는 수가
2씩 커질 때마다

+□ +□ +□   앞의 곱에 16씩 더해요.

④

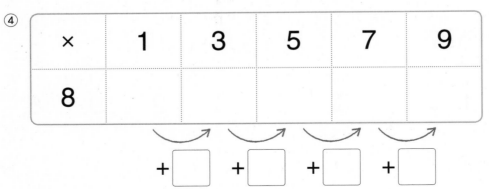

×	1	3	5	7	9
8					

+□ +□ +□ +□

16 8단 곱셈구구 길 찾기

8단 곱셈구구를 외워 보자.

● 바르게 계산한 식을 따라 선으로 이어 보세요.

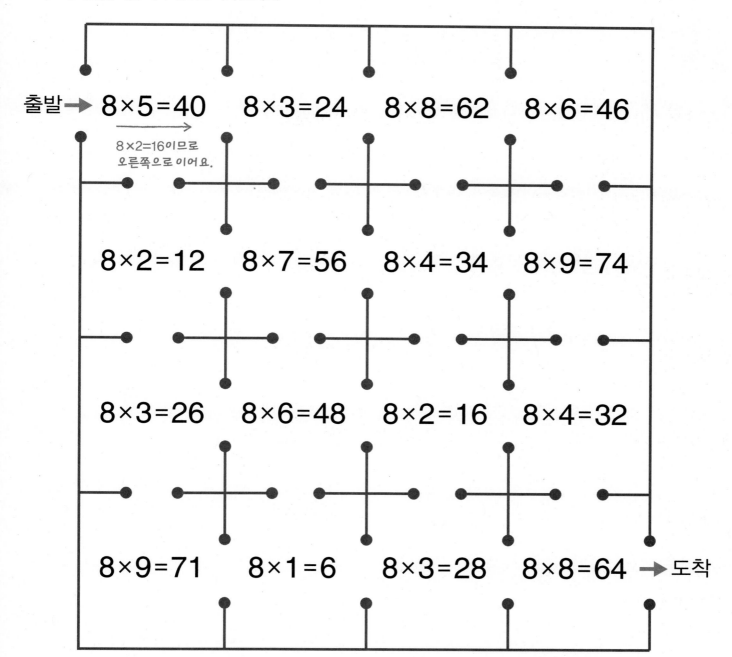

출발 → 8×5=40　　8×3=24　　8×8=62　　8×6=46

8×2=16이므로
오른쪽으로 이어요.

8×2=12　　8×7=56　　8×4=34　　8×9=74

8×3=26　　8×6=48　　8×2=16　　8×4=32

8×9=71　　8×1=6　　8×3=28　　8×8=64 → 도착

x5 7, 9단 곱셈구구

구구단을 외자!

● 7단 곱셈구구

$7 \times 1 = 7$

$7 \times 2 = 14$

$7 \times 3 = 21$

$7 \times 4 = 28$

$7 \times 5 = 35$

$7 \times 6 = 42$

$7 \times 7 = 49$

$7 \times 8 = 56$

$7 \times 9 = 63$

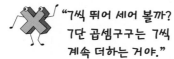

"7씩 뛰어 세어 볼까?
7단 곱셈구구는 7씩
계속 더하는 거야."

● 9단 곱셈구구

$9 \times 1 = 9$

$9 \times 2 = 18$

$9 \times 3 = 27$

$9 \times 4 = 36$

$9 \times 5 = 45$

$9 \times 6 = 54$

$9 \times 7 = 63$

$9 \times 8 = 72$

$9 \times 9 = 81$

"9씩 뛰어 세어 볼까?
9단 곱셈구구는 9씩
계속 더하는 거야."

01 7단 묶어 세기

 7개씩 묶음이 하나씩 늘어날 때마다 7개씩 많아져!

● 콩의 수를 곱셈식으로 나타내 보세요.

① 7개씩 1묶음 ➡ 7× __1__ = __7__

콩은 7개씩 많아져요.

② 7개씩 2묶음 ➡ 7× ____ = ____

③ 7개씩 3묶음 ➡ 7× ____ = ____

④ 7개씩 4묶음 ➡ 7× ____ = ____

⑤ 7개씩 5묶음 ➡ 7× ____ = ____

⑥ 7개씩 6묶음 ➡ 7× ____ = ____

⑦
7개씩 7묶음 ➡ 7× ____ = ____

⑧
7개씩 8묶음 ➡ 7× ____ = ____

⑨
7개씩 9묶음 ➡ 7× ____ = ____

02 7단 뛰어 세기

7칸씩 뛰어! 뛰어!

● 7부터 7씩 뛰어 센 수에 모두 ○표 하고 곱셈식으로 나타내 보세요.

1	2	3	4	5	6	⑦	8	9	10	11	12	13
⑭	15	16	17	18	19	20	21	22	23	24	25	26
27	28	29	30	31	32	33	34	35	36	37	38	39
40	41	42	43	44	45	46	47	48	49	50	51	52
53	54	55	56	57	58	59	60	61	62	63	64	65

① 7씩 1번 ➡ 7 × 1 = 7

1번 더 뛰면 7만큼 커져요.

② 7씩 2번 ➡ 7 × ___ = ___

③ 7씩 3번 ➡ 7 × ___ = ___

④ 7씩 4번 ➡ 7 × ___ = ___

⑤ 7씩 5번 ➡ 7 × ___ = ___

⑥ 7씩 6번 ➡ 7 × ___ = ___

⑦ 7씩 7번 ➡ 7 × ___ = ___

⑧ 7씩 8번 ➡ 7 × ___ = ___

⑨ 7씩 9번 ➡ 7 × ___ = ___

7을 ■번 더하는 것은 7×■로 나타낼 수 있어.

03 덧셈식을 7단 곱셈식으로 나타내기

● 덧셈을 하고 곱셈식으로 나타내 보세요.

7을 여러 번 더하기	곱셈식으로 나타내기
① 7 7을 1번 더하면	7× 1 = 7 7 곱하기 1이에요.
② 7+7 = _____ 7을 2번 더하면	7× ____ = ____ 7 곱하기 2예요.
③ 7+7+7 = _____	7× ____ = ____
④ 7+7+7+7 = _____	7× ____ = ____
⑤ 7+7+7+7+7 = _____	7× ____ = ____
⑥ 7+7+7+7+7+7 = _____	7× ____ = ____
⑦ 7+7+7+7+7+7+7 = _____	7× ____ = ____
⑧ 7+7+7+7+7+7+7+7 = _____	7× ____ = ____
⑨ 7+7+7+7+7+7+7+7+7 = _____	7× ____ = ____

04 7단 곱셈구구

7단은 7씩 커져!

● 7단 곱셈구구를 완성해 보세요.

①

$7 \times 1 = \underline{\quad 7 \quad}$

7단이므로

7만큼 커져요.

$7 \times 2 = \underline{\qquad}$

$7 \times 3 = \underline{\qquad}$

$7 \times 4 = \underline{\qquad}$

$7 \times 5 = \underline{\qquad}$

$7 \times 6 = \underline{\qquad}$

$7 \times 7 = \underline{\qquad}$

$7 \times 8 = \underline{\qquad}$

$7 \times 9 = \underline{\qquad}$

②

$7 \times 1 = \underline{\qquad}$

$7 \times 2 = \underline{\qquad}$

$7 \times \underline{\qquad} = 21$

$7 \times 4 = \underline{\qquad}$

$7 \times 5 = \underline{\qquad}$

$7 \times \underline{\qquad} = 42$

$7 \times \underline{\qquad} = 49$

$7 \times 8 = \underline{\qquad}$

$7 \times \underline{\qquad} = 63$

곱셈의 원리

05 7단 가로셈

● 곱셈을 해 보세요.

① $7 \times 3 = 21$
  칠 삼 이십일!

② $7 \times 2 =$

③ $7 \times 6 =$

④ $7 \times 1 =$

⑤ $7 \times 5 =$

⑥ $7 \times 8 =$

⑦ $7 \times 4 =$

⑧ $7 \times 9 =$

⑨ $7 \times 7 =$

⑩ $7 \times 10 =$

> 7단 곱셈구구는
> 7씩 커져요.
>
> $7 \times 9 = 63$ ⎞ +7
> $7 \times 10 = 70$ ⎠

⑪ $7 \times 2 =$

⑫ $7 \times 6 =$

⑬ $7 \times 1 =$

⑭ $7 \times 5 =$

⑮ $7 \times 4 =$

⑯ $7 \times 3 =$

⑰ $7 \times 8 =$

⑱ $7 \times 10 =$

⑲ $7 \times 9 =$

⑳ $7 \times 7 =$

06 **7단 곱셈표 완성하기**

곱해지는 수가 7이므로 곱하는 수가 1씩 커지면 곱은 7씩 커져.

● 곱셈을 하여 빈칸에 알맞은 수를 써 보세요.

①

$7 \times$

1	2	3	4	5	6	7	8	9
7								

→ 7씩 커져요.

②

$7 \times$

9	8	7	6	5	4	3	2	1
63								

→ 7씩 작아져요.

③

$7 \times$

4	8	3	1	5	9	2	7	6

④

$7 \times$

5	1	8	4	9	7	6	3	2

7단 곱셈구구는 7씩 커지는 규칙이 있어.

07 7단 곱셈표에서 규칙 찾기

● 곱셈을 하여 빈칸에 알맞은 수를 써 보세요.

①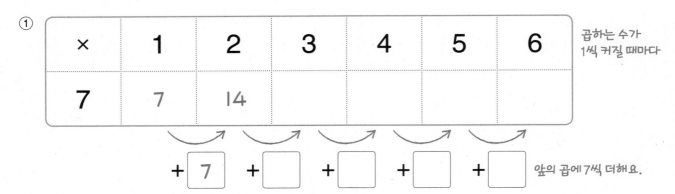

×	1	2	3	4	5	6
7	7	14				

곱하는 수가
1씩 커질 때마다

+ 7 +☐ +☐ +☐ +☐

앞의 곱에 7씩 더해요.

②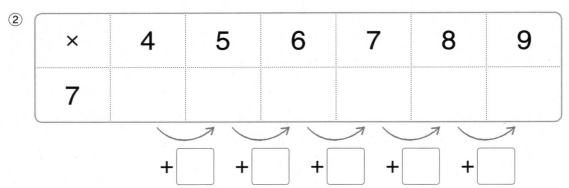

×	4	5	6	7	8	9
7						

+☐ +☐ +☐ +☐ +☐

③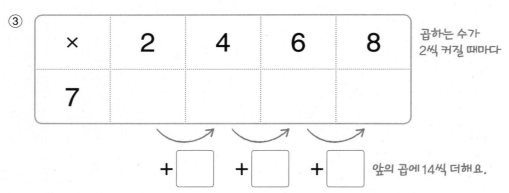

×	2	4	6	8
7				

곱하는 수가
2씩 커질 때마다

+☐ +☐ +☐

앞의 곱에 14씩 더해요.

④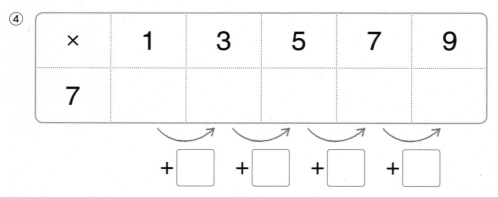

×	1	3	5	7	9
7					

+☐ +☐ +☐ +☐

08 7단 곱셈구구 미로 탈출하기

7단 곱셈구구를 외워 보자.

● 7단 곱셈구구의 값을 따라 선으로 이어 보세요.

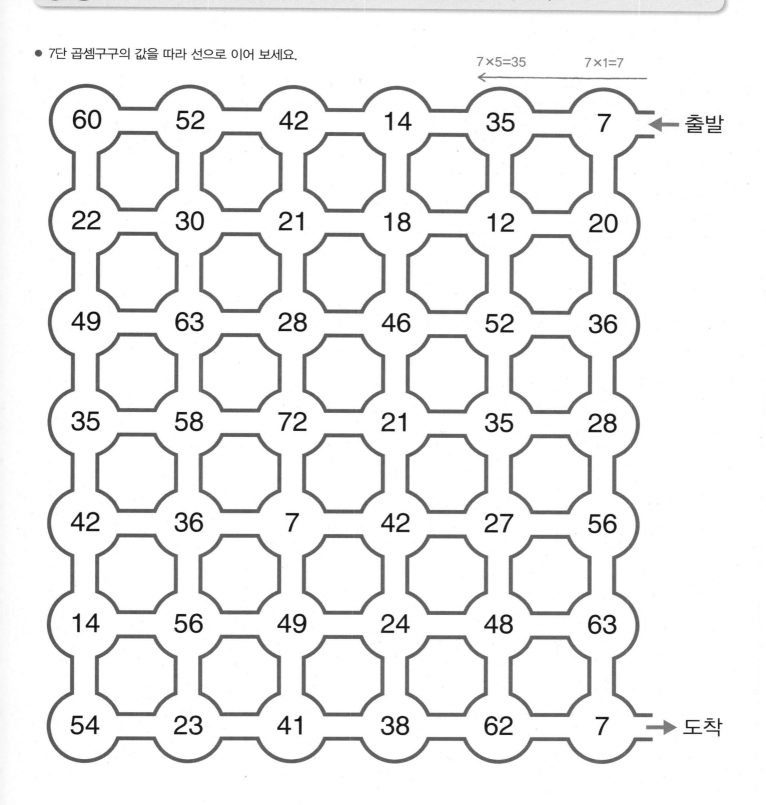

09 9단 묶어 세기

● 물고기의 수를 곱셈식으로 나타내 보세요.

①  9마리씩 1개 ➡ 9× __1__ = __9__

물고기는 9마리씩 많아져요.

②  9마리씩 2개 ➡ 9×____ = ____

③  9마리씩 3개 ➡ 9×____ = ____

④  9마리씩 4개 ➡ 9×____ = ____

⑤  9마리씩 5개 ➡ 9×____ = ____

⑥ 9마리씩 6개 ➡ 9×____ = ____

⑦

9마리씩 7개 ➡ 9×____ = ____

⑧

9마리씩 8개 ➡ 9×____ = ____

⑨

9마리씩 9개 ➡ 9×____ = ____

10 9단 뛰어 세기 ✕ 9씩 뛰어! 뛰어!

● 9부터 9씩 뛰어 센 수에 모두 ○표 하고 곱셈식으로 나타내 보세요.

1	2	3	4	5	6	7	8	⑨	10	11	12	13	14	15	16	17
⑱	19	20	21	22	23	24	25	26	27	28	29	30	31	32	33	34
35	36	37	38	39	40	41	42	43	44	45	46	47	48	49	50	51
52	53	54	55	56	57	58	59	60	61	62	63	64	65	66	67	68
69	70	71	72	73	74	75	76	77	78	79	80	81	82	83	84	85

① 9씩 1번 ➡ 9 × __1__ = __9__

1번 더 뛰면 9만큼 커져요.

② 9씩 2번 ➡ 9 × ____ = ____

③ 9씩 3번 ➡ 9 × ____ = ____

④ 9씩 4번 ➡ 9 × ____ = ____

⑤ 9씩 5번 ➡ 9 × ____ = ____

⑥ 9씩 6번 ➡ 9 × ____ = ____

⑦ 9씩 7번 ➡ 9 × ____ = ____

⑧ 9씩 8번 ➡ 9 × ____ = ____

⑨ 9씩 9번 ➡ 9 × ____ = ____

9단에서 숨은 규칙 찾기!

0 9
1 8
0부터   2 7   9부터
1씩   1씩
커져!   3 6   작아져!
4 5
⋮
8 1

11 덧셈식을 9단 곱셈식으로 나타내기

● 덧셈을 하고 곱셈식으로 나타내 보세요.

9를 여러 번 더하기	곱셈식으로 나타내기
① 9 9를 1번 더하면	9× 1 = 9 9 곱하기 1이에요.
② 9+9=＿＿＿ 9를 2번 더하면	9×＿＿ = ＿＿ 9 곱하기 2예요.
③ 9+9+9=＿＿＿	9×＿＿ = ＿＿
④ 9+9+9+9=＿＿＿	9×＿＿ = ＿＿
⑤ 9+9+9+9+9=＿＿＿	9×＿＿ = ＿＿
⑥ 9+9+9+9+9+9=＿＿＿	9×＿＿ = ＿＿
⑦ 9+9+9+9+9+9+9=＿＿＿	9×＿＿ = ＿＿
⑧ 9+9+9+9+9+9+9+9=＿＿＿	9×＿＿ = ＿＿
⑨ 9+9+9+9+9+9+9+9+9=＿＿＿	9×＿＿ = ＿＿

● 9단 곱셈구구를 완성해 보세요.

①

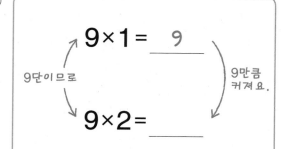

9×1 = _9_

9단이므로

9만큼 커져요.

9×2 = ____

9×3 = ____

9×4 = ____

9×5 = ____

9×6 = ____

9×7 = ____

9×8 = ____

9×9 = ____

②

9× ____ =9

9×2 = ____

9× ____ =27

9×4 = ____

9× ____ =45

9× ____ =54

9×7 = ____

9× ____ =72

9×9 = ____

곱셈의 원리

13 9단 가로셈

● 곱셈을 해 보세요.

① 9×2= 18
　　구　이　십팔!

② 9×1=

③ 9×6=

④ 9×3=

⑤ 9×9=

⑥ 9×4=

⑦ 9×5=

⑧ 9×10=

> 9단 곱셈구구는 9씩 커져요.
>
> 9×9=81 ⎫
> 　　　　 ⎬ +9
> 9×10=90 ⎭

⑨ 9×8=

⑩ 9×7=

⑪ 9×3=

⑫ 9×2=

⑬ 9×4=

⑭ 9×8=

⑮ 9×1=

⑯ 9×5=

⑰ 9×7=

⑱ 9×9=

⑲ 9×10=

⑳ 9×6=

● 곱셈을 하여 빈칸에 알맞은 수를 써 보세요.

① 9×

1	2	3	4	5	6	7	8	9
9								

9씩 커져요.

② 9×

9	8	7	6	5	4	3	2	1
81								

9씩 작아져요.

③ 9×

5	2	7	3	9	1	6	4	8

④ 9×

3	6	1	8	5	2	7	9	4

9단 곱셈구구는 9씩 커지는 규칙이 있어.

15 9단 곱셈표에서 규칙 찾기

● 곱셈을 하여 빈칸에 알맞은 수를 써 보세요.

①

×	1	2	3	4	5	6
9	9	18				

곱하는 수가
1씩 커질 때마다

+ 9 + ☐ + ☐ + ☐ + ☐ 앞의 곱에 9씩 더해요.

②

×	4	5	6	7	8	9
9						

+ ☐ + ☐ + ☐ + ☐ + ☐

③

×	2	4	6	8
9				

곱하는 수가
2씩 커질 때마다

+ ☐ + ☐ + ☐ 앞의 곱에 18씩 더해요.

④

×	1	3	5	7	9
9					

+ ☐ + ☐ + ☐ + ☐

9단 곱셈구구를 외워 보자.

16 9단 곱셈구구 퍼즐 맞추기

● 아래 칸의 두 수를 곱하면 위 칸의 수가 나옵니다. 빈칸에 알맞은 수를 써 보세요.

①
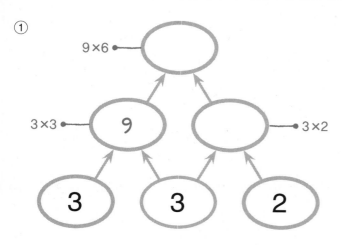

②
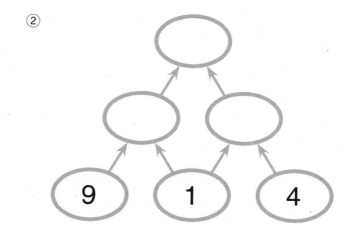

③
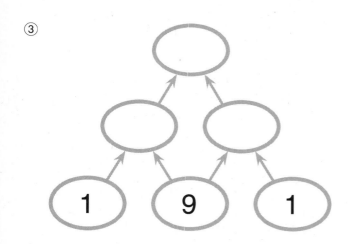

④
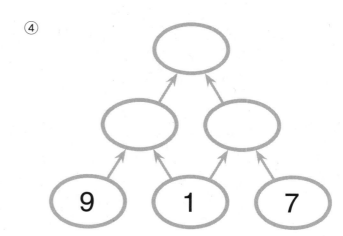

⑤
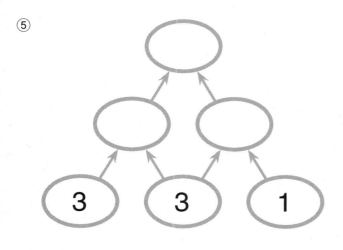

⑥
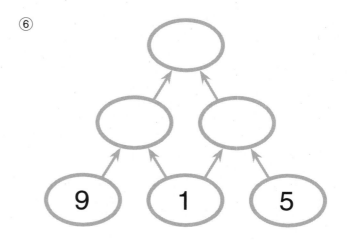

×6 곱셈구구 종합

곱셈표를 만들면 곱에서 규칙을 찾을 수 있어.

✕	1	2	3	4	5	6	7	8	9	10
1	1	2	3	4	5	6	7	8	9	10
2	2	4	6	8	10	12	14	16	18	20
3	3	6	9	12	15	18	21	24	27	30
4	4	8	12	16	20	24	28	32	36	40
5	5	10	15	20	25	30	35	40	45	50
6	6	12	18	24	30	36	42	48	54	60
7	7	14	21	28	35	42	49	56	63	70
8	8	16	24	32	40	48	56	64	72	80
9	9	18	27	36	45	54	63	72	81	90
10	10	20	30	40	50	60	70	80	90	100

"노란색 칸에 놓인 수들은 같은 수끼리의 곱이야."

"색종이 접듯이 노란 부분을 따라 곱셈표를 접으면 같은 곱끼리 만나네!"

$2 \times 4 = 8$
$4 \times 2 = 8$

$5 \times 9 = 45$
$9 \times 5 = 45$

"순서를 바꾸어 곱해도 결과가 같구나!"

╳01 1, 0의 곱

● 곱셈을 해 보세요.

① 5×1 = 5
5를 한 번 더하면 5예요.

② 0×3 = 0
0+0+0=0
0을 세 번 더하면 0이에요.

③ 8×1 =

④ 0×9 =

⑤ 1×4 =

⑥ 10×0 =

⑦ 1×6 =

⑧ 8×0 =

⑨ 1×9 =

⑩ 1×5 =

⑪ 0×4 =

⑫ 1×8 =

⑬ 9×1 =

⑭ 0×7 =

⑮ 2×1 =

⑯ 4×0 =

⑰ 1×3 =

⑱ 0×2 =

⑲ 0×5 =

⑳ 1×7 =

㉑ 6×0 =

㉒ 1×1 =

㉓ 9×0 =

㉔ 1×0 =

㉕ 1×2 =

㉖ 6×1 =

㉗ 0×8 =

㉘ 3×0 =

㉙ 4×1 =

㉚ 1×9 =

㉛ $2\times1=$

㉜ $1\times4=$

㉝ $0\times1=$

㉞ $7\times1=$

㉟ $2\times0=$

㊱ $1\times1=$

㊲ $5\times0=$

㊳ $0\times6=$

㊴ $9\times1=$

㊵ $1\times6=$

㊶ $3\times1=$

㊷ $7\times0=$

㊸ $0\times4=$

㊹ $6\times0=$

㊺ $1\times3=$

㊻ $6\times1=$

㊼ $1\times7=$

㊽ $9\times0=$

㊾ $0\times3=$

㊿ $1\times8=$

(51) $5\times1=$

(52) $4\times0=$

(53) $1\times5=$

(54) $8\times1=$

'×1'은 항상 나 자신

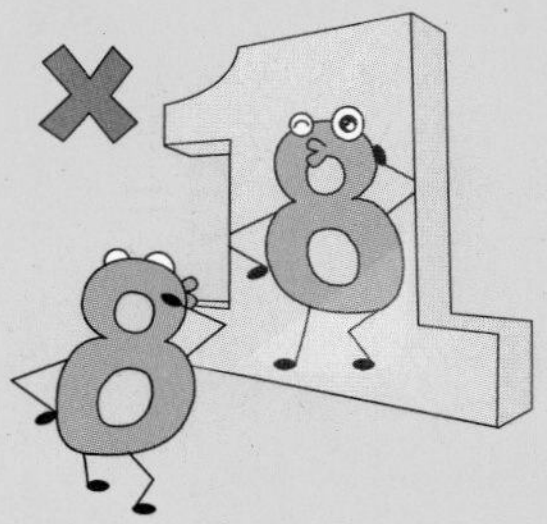

'×0'은 항상 0

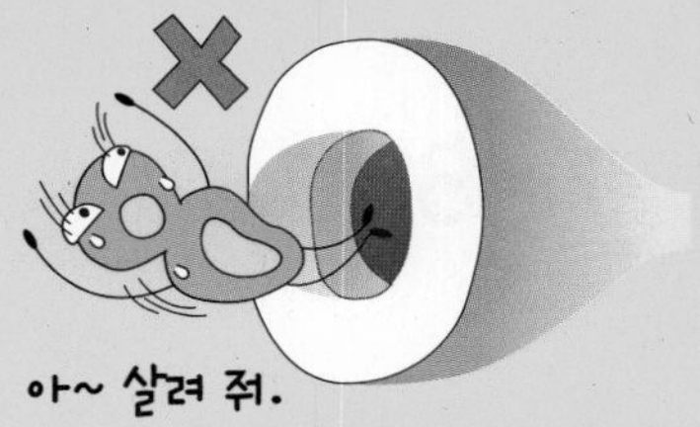

곱셈의 원리

02 가로셈

● 곱셈을 해 보세요.

① 5×6 = 30
　오　육　삼십!

② 7×3 =
　칠　삼　이십일!

③ 4×9 =

④ 6×6 =

⑤ 3×3 =

⑥ 5×1 =

⑦ 2×9 =

⑧ 9×3 =

⑨ 8×4 =

⑩ 7×7 =

⑪ 9×1 =

⑫ 4×2 =

⑬ 3×6 =

⑭ 8×5 =

⑮ 4×6 =

⑯ 5×8 =

⑰ 3×0 =

⑱ 8×9 =

⑲ 2×5 =

⑳ 7×4 =

㉑ 6×3 =

㉒ 8×7 =

㉓ 9×5 =

㉔ 5×4 =

㉕ 7×6 =

㉖ 8×6 =

㉗ 6×5 =

㉘ 2×10 =

㉙ 2×8 =

㉚ 3×9 =

㉛ 2×4=

㉜ 9×9=

㉝ 7×2=

㉞ 3×7=

㉟ 6×4=

㊱ 8×3=

㊲ 4×5=

㊳ 5×2=

㊴ 3×1=

㊵ 2×7=

㊶ 4×3=

㊷ 6×8=

㊸ 7×8=

㊹ 8×8=

㊺ 3×8=

㊻ 8×2=

㊼ 9×4=

㊽ 5×3=

㊾ 4×7=

㊿ 2×3=

51 9×8=

52 6×7=

53 5×5=

54 7×1=

55 9×6=

56 3×5=

57 9×2=

58 5×9=

59 4×8=

60 6×9=

⑥ $2 \times 2 =$ ㉒ $3 \times 7 =$ ㉓ $4 \times 3 =$

㉔ $9 \times 4 =$ ㉕ $4 \times 1 =$ ㉖ $6 \times 2 =$

㉗ $4 \times 8 =$ ㉘ $8 \times 1 =$ ㉙ $7 \times 3 =$

㉚ $5 \times 4 =$ ㉛ $6 \times 7 =$ ㉜ $2 \times 4 =$

㉝ $1 \times 7 =$ ㉞ $5 \times 7 =$ ㉟ $3 \times 5 =$

㊱ $9 \times 7 =$ ㊲ $8 \times 6 =$ ㊳ $7 \times 5 =$

㊴ $5 \times 9 =$ ㊵ $6 \times 1 =$ ㊶ $0 \times 5 =$

㊷ $2 \times 6 =$ ㊸ $4 \times 4 =$ ㊹ $3 \times 2 =$

㊺ $6 \times 10 =$ ㊻ $7 \times 9 =$ ㊼ $4 \times 6 =$

㊽ $8 \times 8 =$ ㊾ $9 \times 6 =$ ㊿ $5 \times 3 =$

03 바꾸어 곱하기

곱셈은 순서를 바꾸어 계산해도 결과가 같아.

● 곱셈을 하고 계산 결과를 비교해 보세요.

① $3 \times 2 = 6$
$2 \times 3 =$

② $5 \times 4 =$
$4 \times 5 =$

③ $4 \times 6 =$
$6 \times 4 =$

④ $2 \times 5 =$
$5 \times 2 =$

⑤ $4 \times 3 =$
$3 \times 4 =$

⑥ $5 \times 8 =$
$8 \times 5 =$

⑦ $4 \times 2 =$
$2 \times 4 =$

⑧ $3 \times 1 =$
$1 \times 3 =$

⑨ $4 \times 10 =$
$10 \times 4 =$

⑩ $9 \times 3 =$
$3 \times 9 =$

⑪ $8 \times 4 =$
$4 \times 8 =$

⑫ $6 \times 5 =$
$5 \times 6 =$

⑬ $8 \times 9 =$
$9 \times 8 =$

⑭ $6 \times 7 =$
$7 \times 6 =$

⑮ $7 \times 3 =$
$3 \times 7 =$

⑯ $2 \times 9 =$
$9 \times 2 =$

⑰ $2 \times 6 =$
$6 \times 2 =$

⑱ $3 \times 5 =$
$5 \times 3 =$

⑲ 4×7=
7×4=

⑳ 5×9=
9×5=

㉑ 4×9=
9×4=

㉒ 3×8=
8×3=

㉓ 2×1=
1×2=

㉔ 5×10=
10×5=

㉕ 6×4=
4×6=

㉖ 7×5=
5×7=

㉗ 7×2=
2×7=

㉘ 8×5=
5×8=

㉙ 9×6=
6×9=

㉚ 8×6=
6×8=

㉛ 2×8=
8×2=

㉜ 5×6=
6×5=

㉝ 4×1=
1×4=

㉞ 5×3=
3×5=

㉟ 4×5=
5×4=

㊱ 5×1=
1×5=

㊲ $3 \times 7 =$

$7 \times 3 =$

㊳ $2 \times 10 =$

$10 \times 2 =$

㊴ $2 \times 7 =$

$7 \times 2 =$

㊵ $3 \times 6 =$

$6 \times 3 =$

㊶ $2 \times 4 =$

$4 \times 2 =$

㊷ $3 \times 4 =$

$4 \times 3 =$

㊸ $9 \times 4 =$

$4 \times 9 =$

㊹ $9 \times 5 =$

$5 \times 9 =$

㊺ $8 \times 3 =$

$3 \times 8 =$

㊻ $6 \times 3 =$

$3 \times 6 =$

㊼ $9 \times 7 =$

$7 \times 9 =$

㊽ $7 \times 4 =$

$4 \times 7 =$

㊾ $2 \times 3 =$

$3 \times 2 =$

㊿ $5 \times 2 =$

$2 \times 5 =$

(51) $5 \times 7 =$

$7 \times 5 =$

(52) $4 \times 8 =$

$8 \times 4 =$

어떻게 곱해도 10개!

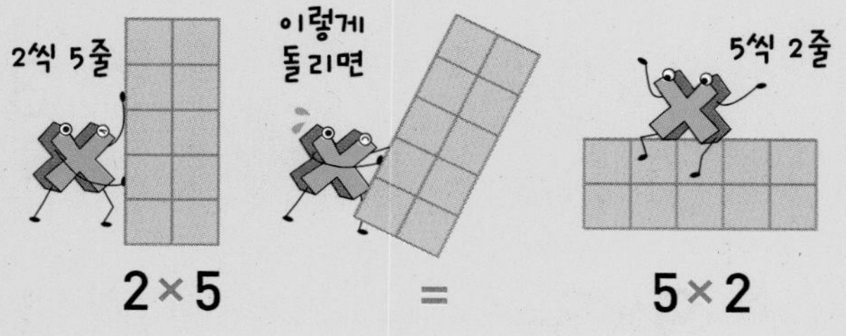
2씩 5줄
이렇게 돌리면
5씩 2줄
2 × 5
=
5 × 2

04 홀수끼리의 곱 (홀수)×(홀수)=(홀수)

● 곱셈을 해 보세요.

① $3 \times 5 = 15$
홀수 홀수 홀수

② $5 \times 7 =$

③ $1 \times 1 =$

④ $1 \times 9 =$

⑤ $3 \times 1 =$

⑥ $5 \times 3 =$

⑦ $7 \times 3 =$

⑧ $9 \times 5 =$

⑨ $3 \times 1 =$

⑩ $9 \times 7 =$

⑪ $7 \times 9 =$

⑫ $7 \times 7 =$

⑬ $5 \times 5 =$

⑭ $3 \times 3 =$

⑮ $5 \times 9 =$

⑯ $9 \times 1 =$

⑰ $1 \times 5 =$

⑱ $3 \times 9 =$

⑲ $9 \times 9 =$

⑳ $7 \times 1 =$

㉑ $1 \times 9 =$

㉒ $7 \times 5 =$

㉓ $3 \times 5 =$

㉔ $5 \times 9 =$

㉕ $1 \times 3 =$

㉖ $3 \times 7 =$

㉗ $1 \times 7 =$

㉘ $9 \times 3 =$

㉙ $1 \times 5 =$

㉚ $5 \times 1 =$

㉛ 7×5=	㉜ 9×7=	㉝ 7×9=
㉞ 9×1=	㉟ 5×3=	㊱ 7×1=
㊲ 3×5=	㊳ 5×5=	㊴ 3×1=
㊵ 1×5=	㊶ 3×9=	㊷ 5×9=
㊸ 9×1=	㊹ 7×3=	㊺ 1×5=
㊻ 5×7=	㊼ 7×7=	㊽ 9×3=
㊾ 1×1=	㊿ 3×3=	(51) 1×3=
(52) 3×7=	(53) 5×1=	(54) 1×7=
(55) 9×9=	(56) 1×9=	(57) 7×5=
(58) 5×3=	(59) 7×7=	(60) 9×5=

05 짝수끼리의 곱 (짝수)×(짝수)=(짝수)

● 곱셈을 해 보세요.

① $2 \times 6 = 12$
짝수 짝수 짝수

② $4 \times 4 =$

③ $2 \times 10 =$

④ $2 \times 2 =$

⑤ $4 \times 10 =$

⑥ $2 \times 4 =$

⑦ $6 \times 2 =$

⑧ $8 \times 4 =$

⑨ $6 \times 6 =$

⑩ $4 \times 2 =$

⑪ $6 \times 4 =$

⑫ $8 \times 2 =$

⑬ $4 \times 6 =$

⑭ $2 \times 8 =$

⑮ $4 \times 8 =$

⑯ $10 \times 8 =$

⑰ $4 \times 2 =$

⑱ $10 \times 2 =$

⑲ $8 \times 8 =$

⑳ $6 \times 10 =$

㉑ $8 \times 6 =$

㉒ $6 \times 8 =$

㉓ $8 \times 4 =$

㉔ $8 \times 4 =$

㉕ $4 \times 4 =$

㉖ $2 \times 4 =$

㉗ $2 \times 2 =$

㉘ $8 \times 6 =$

㉙ $4 \times 8 =$

㉚ $2 \times 8 =$

③ $10 \times 8 =$ ③ $6 \times 6 =$ ③ $8 \times 2 =$

③ $6 \times 4 =$ ③ $10 \times 6 =$ ③ $8 \times 8 =$

③ $10 \times 2 =$ ③ $10 \times 4 =$ ③ $4 \times 2 =$

④ $2 \times 6 =$ ④ $2 \times 10 =$ ④ $6 \times 4 =$

④ $8 \times 4 =$ ④ $6 \times 2 =$ ④ $8 \times 10 =$

④ $6 \times 10 =$ ④ $8 \times 2 =$ ④ $6 \times 8 =$

④ $6 \times 2 =$ ⑤ $2 \times 8 =$ ⑤ $2 \times 6 =$

⑤ $4 \times 6 =$ ⑤ $2 \times 4 =$ ⑤ $4 \times 8 =$

⑤ $6 \times 6 =$ ⑤ $8 \times 6 =$ ⑤ $10 \times 8 =$

⑤ $4 \times 4 =$ ⑤ $10 \times 6 =$ ⑥ $8 \times 8 =$

(홀수)×(짝수)=(짝수), (짝수)×(홀수)=(짝수)

06 홀수와 짝수의 곱

● 곱셈을 해 보세요.

① 5×2= 10
홀수 짝수 짝수

② 2×1=
짝수 홀수 짝수

③ 3×2=

④ 3×10=

⑤ 2×3=

⑥ 4×1=

⑦ 6×3=

⑧ 8×1=

⑨ 9×4=

⑩ 5×4=

⑪ 9×2=

⑫ 6×7=

⑬ 4×7=

⑭ 1×6=

⑮ 5×6=

⑯ 2×9=

⑰ 8×5=

⑱ 4×9=

⑲ 8×3=

⑳ 9×10=

㉑ 5×6=

㉒ 7×2=

㉓ 6×1=

㉔ 8×9=

㉕ 5×8=

㉖ 1×2=

㉗ 8×7=

㉘ 4×5=

㉙ 5×10=

㉚ 10×3=

㉛ 7×6=

㉜ 9×4=

㉝ 8×5=

㉞ 6×9=

㉟ 4×7=

㊱ 9×8=

㊲ 3×4=

㊳ 2×5=

㊴ 3×6=

㊵ 1×10=

㊶ 10×5=

㊷ 1×8=

㊸ 8×1=

㊹ 6×3=

㊺ 9×10=

㊻ 3×6=

㊼ 7×10=

㊽ 6×7=

㊾ 4×9=

㊿ 1×4=

51 4×3=

52 5×4=

53 10×1=

54 3×8=

55 6×5=

56 8×9=

57 7×8=

58 9×6=

59 2×7=

60 7×4=

07 곱셈구구에 해당하는 수 찾기

각 단의 곱이 몇씩 커지는지 생각해 봐.

● 각 단의 곱셈구구에 해당하는 수를 모두 찾아 ○표 하세요.

① **2단 곱셈구구** 2에서부터 2씩 커지는 수들을 찾아요.

1	②	3	④	5	6	7	8	9	10
11	12	13	14	15	16	17	18		

② **3단 곱셈구구**

1	2	3	4	5	6	7	8	9	10
11	12	13	14	15	16	17	18	19	20
21	22	23	24	25	26	27			

③ **4단 곱셈구구**

1	2	3	4	5	6	7	8	9	10
11	12	13	14	15	16	17	18	19	20
21	22	23	24	25	26	27	28	29	30
31	32	33	34	35	36				

④ **5단 곱셈구구**

1	2	3	4	5	6	7	8	9	10
11	12	13	14	15	16	17	18	19	20
21	22	23	24	25	26	27	28	29	30
31	32	33	34	35	36	37	38	39	40
41	42	43	44	45					

⑤ **6단 곱셈구구**

1	2	3	4	5	6	7	8	9	10
11	12	13	14	15	16	17	18	19	20
21	22	23	24	25	26	27	28	29	30
31	32	33	34	35	36	37	38	39	40
41	42	43	44	45	46	47	48	49	50
51	52	53	54						

⑥ **7단 곱셈구구**

1	2	3	4	5	6	7	8	9	10
11	12	13	14	15	16	17	18	19	20
21	22	23	24	25	26	27	28	29	30
31	32	33	34	35	36	37	38	39	40
41	42	43	44	45	46	47	48	49	50
51	52	53	54	55	56	57	58	59	60
61	62	63							

각 단의 곱이 몇씩 커지는지 생각해 봐.

⑦ **8단 곱셈구구**

1	2	3	4	5	6	7	8	9	10
11	12	13	14	15	16	17	18	19	20
21	22	23	24	25	26	27	28	29	30
31	32	33	34	35	36	37	38	39	40
41	42	43	44	45	46	47	48	49	50
51	52	53	54	55	56	57	58	59	60
61	62	63	64	65	66	67	68	69	70
71	72								

⑧ **9단 곱셈구구**

1	2	3	4	5	6	7	8	9	10
11	12	13	14	15	16	17	18	19	20
21	22	23	24	25	26	27	28	29	30
31	32	33	34	35	36	37	38	39	40
41	42	43	44	45	46	47	48	49	50
51	52	53	54	55	56	57	58	59	60
61	62	63	64	65	66	67	68	69	70
71	72	73	74	75	76	77	78	79	80
81									

08 곱셈표에서 규칙 찾기

● 빈칸에 알맞은 수를 써 보세요.

① ×2

3	6	3×②=6
2	4	2×②=4
5	10	5×②=10
4	8	4×②=8

② ×

4	20
2	10
3	15
5	25

③ ×

4	12
5	15
2	6
3	9

④ ×

5	40
4	32
2	16
3	24

⑤ ×

3	18
5	30
2	12
4	24

⑥ ×

2	18
3	27
5	45
4	36

⑦ ×

5	35
4	28
3	21
2	14

⑧ ×

2	8
4	16
3	12
5	20

⑨ ×

3	30
4	40
2	20
5	50

⑩

×	
9	27
6	18
7	21
8	24

⑪

×	
7	35
6	30
9	45
8	40

⑫

×	
8	32
6	24
7	28
9	36

⑬

×	
9	54
6	36
8	48
7	42

⑭

×	
9	18
7	14
8	16
6	12

⑮

×	
7	56
8	64
6	48
9	72

⑯

×	
9	81
8	72
6	54
7	63

⑰

×	
6	42
8	56
9	63
7	49

⑱

×	
8	80
7	70
6	60
9	90

09 곱셈표 완성하기

가로줄과 세로줄이 만나는 곳에 곱을 써 보자.

● 곱셈을 하여 빈칸에 알맞은 수를 써 보세요.

×	1	2	3	4	5	6	7	8	9	10
1	1									⑩
2		4								
3			12							
4				20						
5			15				35			
6									54	60
7		21					49			
8										
9							54			
10	⑩									

화살표를 따라 접으면 만나는 수가 서로 같아요.

화살표 위에 놓인 수들은 같은 수끼리의 곱이에요.

같은 수끼리의 곱은 왜 배워?

중학생이 되면 이런 걸 배우게 될 거야. $2 \times 2 = 2^2$, $3 \times 3 = 3^2$

×7 곱셈구구 활용

수를 두 수의 곱으로 나타내는 방법은 여러 가지야!

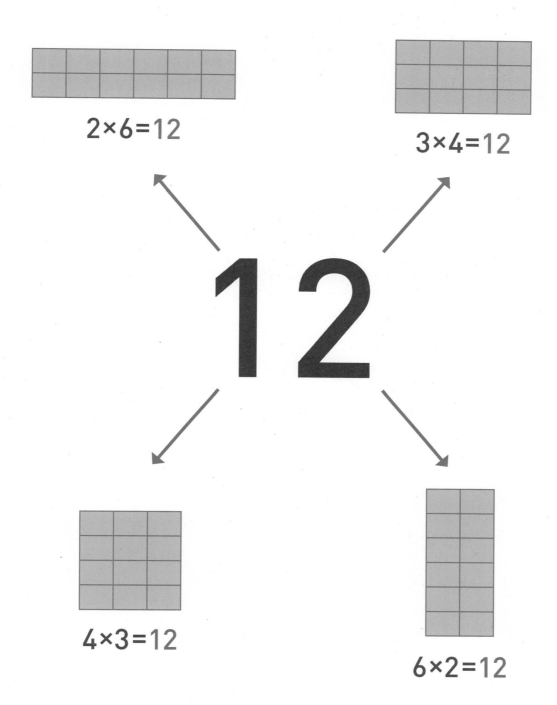

2×6=12

3×4=12

12

4×3=12

6×2=12

01 다르면서 같은 곱셈

● 곱셈을 해 보세요.

① 4×1= 4

 2×2= 4

 1×4= 4

곱이 4가 되는 곱셈식은
여러 가지가 있어요.

② 9×1=

 3×3=

 1×9=

③ 8×2=

 4×4=

 2×8=

④ 9×4=

 6×6=

 4×9=

⑤ 8×3=

 6×4=

 4×6=

 3×8=

⑥ 10×3=

 6×5=

 5×6=

 3×10=

⑦ 10×1=

 5×2=

 2×5=

 1×10=

⑧ 6×1=

 3×2=

 2×3=

 1×6=

⑨ 8×1=

4×2=

2×4=

1×8=

⑩ 6×2=

4×3=

3×4=

2×6=

⑪ 10×2=

5×4=

4×5=

2×10=

⑫ 9×2=

6×3=

3×6=

2×9=

⑬ 10×4=

8×5=

5×8=

4×10=

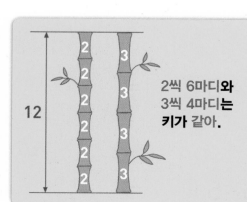

2씩 6마디와
3씩 4마디는
키가 같아.

02 빈칸 채우기

 곱셈은 같은 수를 여러 번 더한 것과 같아.

● 빈칸에 알맞은 수를 써 보세요.

① $5 \times 4 = 5 \times 3 + \boxed{5} = \boxed{20}$

　　5를 4번　　5를 3번　　5를 한 번 더 더해야
　　더한 것　　더한 것　　5를 4번 더한 것과 같아요.

② $4 \times 4 = 4 \times 3 + \boxed{} = \boxed{}$

③ $2 \times 7 = 2 \times 6 + \boxed{} = \boxed{}$

④ $3 \times 9 = 3 \times 8 + \boxed{} = \boxed{}$

⑤ $4 \times 8 = 4 \times 7 + \boxed{} = \boxed{}$

⑥ $3 \times 5 = 3 \times 4 + \boxed{} = \boxed{}$

⑦ $9 \times 6 = 9 \times 5 + \boxed{} = \boxed{}$

⑧ $7 \times 6 = 7 \times 5 + \boxed{} = \boxed{}$

⑨ $8 \times 7 = 8 \times 6 + \boxed{} = \boxed{}$

⑩ $9 \times 5 = 9 \times 4 + \boxed{} = \boxed{}$

⑪ $6 \times 9 = 6 \times 8 + \boxed{} = \boxed{}$

⑫ $7 \times 9 = 7 \times 8 + \boxed{} = \boxed{}$

⑬ $2 \times 5 = 2 \times 3 + \boxed{} = \boxed{}$

⑭ $5 \times 9 = 5 \times 7 + \boxed{} = \boxed{}$

⑮ $6 \times 7 = 6 \times 5 + \boxed{} = \boxed{}$

⑯ $8 \times 8 = 8 \times 6 + \boxed{} = \boxed{}$

⑰ $2×6 = 2×7 -$ ☐ $=$ ☐

2를 6번
더한 것

2를 7번
더한 것

2를 한 번 빼야
2를 6번 더한 것과 같아요.

⑱ $3×7 = 3×8 -$ ☐ $=$ ☐

⑲ $5×5 = 5×6 -$ ☐ $=$ ☐

⑳ $4×7 = 4×8 -$ ☐ $=$ ☐

㉑ $2×8 = 2×9 -$ ☐ $=$ ☐

㉒ $5×7 = 5×8 -$ ☐ $=$ ☐

㉓ $6×5 = 6×6 -$ ☐ $=$ ☐

㉔ $9×7 = 9×8 -$ ☐ $=$ ☐

㉕ $6×8 = 6×9 -$ ☐ $=$ ☐

㉖ $8×6 = 8×7 -$ ☐ $=$ ☐

㉗ $9×4 = 9×5 -$ ☐ $=$ ☐

㉘ $7×8 = 7×9 -$ ☐ $=$ ☐

㉙ $4×5 = 4×7 -$ ☐ $=$ ☐

㉚ $3×6 = 3×8 -$ ☐ $=$ ☐

㉛ $8×5 = 8×7 -$ ☐ $=$ ☐

㉜ $7×7 = 7×9 -$ ☐ $=$ ☐

03 기호 넣기 계산 결과를 보고 어떤 계산을 했는지 생각해 봐.

● ☐ 안에 +, −, × 중 알맞은 기호를 써 보세요.

① 7 + 7 = 14

7 × 7 = 49

계산 결과가
앞의 수보다 크면
+ 또는 ×

② 8 ☐ 8 = 64

8 ☐ 8 = 0

③ 3 ☐ 3 = 0

3 ☐ 3 = 9

④ 5 ☐ 5 = 10

5 ☐ 5 = 25

⑤ 4 ☐ 4 = 16

4 ☐ 4 = 0

⑥ 3 ☐ 2 = 5

3 ☐ 2 = 6

⑦ 6 ☐ 2 = 12

6 ☐ 2 = 8

⑧ 5 ☐ 3 = 2

5 ☐ 3 = 8

⑨ 4 ☐ 1 = 5

4 ☐ 1 = 4

⑩ 8 ☐ 2 = 6

8 ☐ 2 = 16

⑪ 9 ☐ 6 = 54

9 ☐ 6 = 15

⑫ 9 ☐ 4 = 5

9 ☐ 4 = 36

⑬ 6 ☐ 7 = 13

6 ☐ 7 = 42

⑭ 7 ☐ 4 = 28

7 ☐ 4 = 11

⑮ 5 ☐ 2=10

   5 ☐ 2=7

⑯ 6 ☐ 1=6

   6 ☐ 1=5

⑰ 2 ☐ 4=8

   2 ☐ 4=6

⑱ 4 ☐ 3=1

   4 ☐ 3=12

⑲ 3 ☐ 7=10

   3 ☐ 7=21

⑳ 5 ☐ 4=20

   5 ☐ 4=1

㉑ 9 ☐ 8=72

   9 ☐ 8=1

㉒ 7 ☐ 6=1

   7 ☐ 6=42

㉓ 9 ☐ 2=11

   9 ☐ 2=18

㉔ 6 ☐ 3=18

   6 ☐ 3=9

㉕ 6 ☐ 5=1

   6 ☐ 5=30

㉖ 8 ☐ 3=24

   8 ☐ 3=11

㉗ 8 ☐ 5=3

   8 ☐ 5=40

㉘ 8 ☐ 9=72

   8 ☐ 9=17

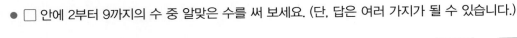

04 수를 곱셈식으로 나타내기

● □ 안에 2부터 9까지의 수 중 알맞은 수를 써 보세요. (단, 답은 여러 가지가 될 수 있습니다.)

① 14 = ^예 $\boxed{2}$ × $\boxed{7}$

두 수의 곱이 14가 되는 경우는
2×7, 7×2의 두 가지예요.

② 27 = □ × □

③ 30 = □ × □

④ 45 = □ × □

⑤ 49 = □ × □

⑥ 21 = □ × □

⑦ 48 = □ × □

⑧ 64 = □ × □

⑨ 54 = □ × □

⑩ 81 = □ × □

⑪ 72 = □ × □

⑫ 56 = □ × □

⑬ 10 = □ × □

⑭ 32 = □ × □

⑮ 63 = □ × □

⑯ 24 = □ × □

주어진 수를 곱이라고 생각해 봐.

⑰ 4 = ☐ × ☐

⑱ 18 = ☐ × ☐

⑲ 35 = ☐ × ☐

⑳ 25 = ☐ × ☐

㉑ 8 = ☐ × ☐

㉒ 36 = ☐ × ☐

㉓ 81 = ☐ × ☐

㉔ 9 = ☐ × ☐

㉕ 15 = ☐ × ☐

㉖ 40 = ☐ × ☐

㉗ 42 = ☐ × ☐

㉘ 16 = ☐ × ☐

㉙ 6 = ☐ × ☐

㉚ 28 = ☐ × ☐

㉛ 20 = ☐ × ☐

㉜ 12 = ☐ × ☐

곱셈을 이용하면 **다 세어 보지 않아도** 개수를 알 수 있어.

05 사각형의 개수 구하기

● 곱셈식을 만들어 사각형의 개수를 구해 보세요.

①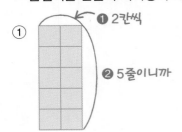

❶ 2칸씩

❷ 5줄이니까

$$\underline{\quad 2 \quad} \times \underline{\quad 5 \quad} = \underline{\quad 10 \quad}$$

❸ 2×5=10으로 나타낼 수 있어요.

②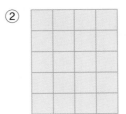

$$\underline{\qquad} \times \underline{\qquad} = \underline{\qquad}$$

③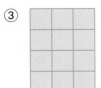

$$\underline{\qquad} \times \underline{\qquad} = \underline{\qquad}$$

④

$$\underline{\qquad} \times \underline{\qquad} = \underline{\qquad}$$

⑤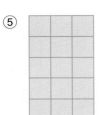

$$\underline{\qquad} \times \underline{\qquad} = \underline{\qquad}$$

⑥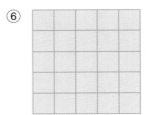

$$\underline{\qquad} \times \underline{\qquad} = \underline{\qquad}$$

⑦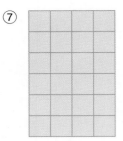

$$\underline{\qquad} \times \underline{\qquad} = \underline{\qquad}$$

⑧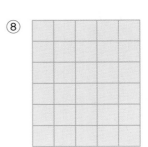

$$\underline{\qquad} \times \underline{\qquad} = \underline{\qquad}$$

⑨

_____ × _____ = _____

⑩

_____ × _____ = _____

⑪

_____ × _____ = _____

⑫

_____ × _____ = _____

⑬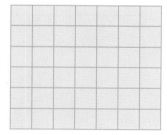

_____ × _____ = _____

⑭

_____ × _____ = _____

⑮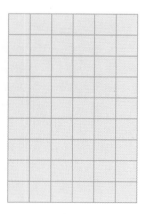

_____ × _____ = _____

⑯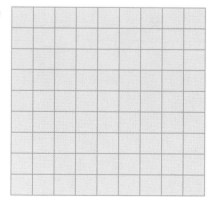

_____ × _____ = _____

06 구슬의 개수 구하기

곱셈을 이용하면 구슬의 개수를 쉽게 구할 수 있어.

● 곱셈식을 만들어 구슬의 개수를 구해 보세요.

①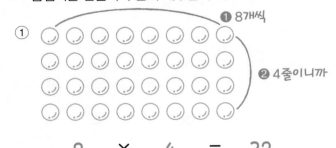
❶ 8개씩
❷ 4줄이니까

$$8 \times 4 = 32$$

❸ 8×4=32로 나타낼 수 있어요.

② ___ × ___ = ___

③ ___ × ___ = ___

④ ___ × ___ = ___

⑤ ___ × ___ = ___

⑥ ___ × ___ = ___

⑦ ___ × ___ = ___

⑧ ___ × ___ = ___

⑨

_____ × _____ = _____

⑩

_____ × _____ = _____

⑪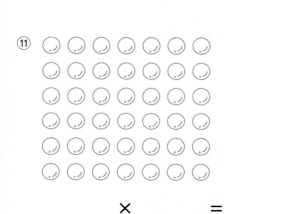

_____ × _____ = _____

⑫

_____ × _____ = _____

⑬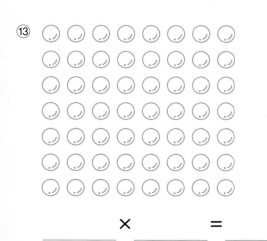

_____ × _____ = _____

⑭

_____ × _____ = _____

07 2배가 되는 곱셈

● 곱셈을 해 보세요.

① 1×3= 3
   2×3= 6

곱해지는 수가   곱도 2배가
2배가 되면   돼요.

② 4×2=
   8×2=

③ 1×9=
   2×9=

④ 3×2=
   6×2=

⑤ 1×5=
   2×5=

⑥ 3×3=
   6×3=

⑦ 1×8=
   2×8=

⑧ 2×5=
   4×5=

⑨ 5×2=
   10×2=

⑩ 4×4=
   8×4=

⑪ 3×8=
   6×8=

⑫ 3×7=
   6×7=

⑬ 2×6=
   4×6=

⑭ 3×4=
   6×4=

⑮ 2×7=
   4×7=

⑯ $6 \times 1 =$

$6 \times 2 =$

곱하는 수가　곱은 어떻게
2배가 되면　될까요?

⑰ $5 \times 3 =$

$5 \times 6 =$

⑱ $9 \times 4 =$

$9 \times 8 =$

⑲ $3 \times 5 =$

$3 \times 10 =$

⑳ $9 \times 2 =$

$9 \times 4 =$

㉑ $5 \times 4 =$

$5 \times 8 =$

㉒ $6 \times 4 =$

$6 \times 8 =$

㉓ $8 \times 2 =$

$8 \times 4 =$

㉔ $4 \times 2 =$

$4 \times 4 =$

㉕ $8 \times 5 =$

$8 \times 10 =$

㉖ $6 \times 3 =$

$6 \times 6 =$

㉗ $7 \times 1 =$

$7 \times 2 =$

㉘ $3 \times 2 =$

$3 \times 4 =$

㉙ $7 \times 4 =$

$7 \times 8 =$

㉚ $9 \times 3 =$

$9 \times 6 =$

곱해지는 수의 크기에 따라 **곱**의 **크기**가 달라져.

08 같은 수 곱하기

● 곱셈을 해 보세요.

① 1×3= 3
2×3= 6
3×3= 9

곱해지는 수가
커지면

곱도
커져요.

② 4×4=
5×4=
6×4=

③ 2×5=
4×5=
6×5=

④ 3×7=
6×7=
9×7=

⑤ 7×2=
8×2=
9×2=

⑥ 1×6=
3×6=
5×6=

⑦ 3×9=
6×9=
9×9=

⑧ 7×8=
8×8=
9×8=

⑨ 4×6=
6×6=
8×6=

⑩ 5×4=
6×4=
7×4=

⑪ 5×3=
7×3=
9×3=

⑫ 3×5=
5×5=
7×5=

⑬ $5 \times 8 =$

$3 \times 8 =$

$1 \times 8 =$

곱해지는 수가
작아지면   곱은
어떻게 될까요?

⑭ $8 \times 3 =$

$6 \times 3 =$

$4 \times 3 =$

⑮ $9 \times 5 =$

$8 \times 5 =$

$7 \times 5 =$

⑯ $7 \times 9 =$

$5 \times 9 =$

$3 \times 9 =$

⑰ $6 \times 8 =$

$5 \times 8 =$

$4 \times 8 =$

⑱ $6 \times 7 =$

$5 \times 7 =$

$4 \times 7 =$

⑲ $9 \times 6 =$

$7 \times 6 =$

$5 \times 6 =$

⑳ $6 \times 2 =$

$4 \times 2 =$

$2 \times 2 =$

㉑ $4 \times 4 =$

$3 \times 4 =$

$2 \times 4 =$

㉒ $7 \times 2 =$

$5 \times 2 =$

$3 \times 2 =$

㉓ $7 \times 7 =$

$6 \times 7 =$

$5 \times 7 =$

㉔ $6 \times 9 =$

$4 \times 9 =$

$2 \times 9 =$

곱셈식이 +로 연결되어 있어.

09 곱해서 더해 보기

● 곱셈을 해 보세요.

① $4 \times 3 = 12$

$4 \times 2 = 8$

$4 \times 5 = 20$

$\underset{12}{4 \times 3}$과 $\underset{8}{4 \times 2}$를 더한 값은 $\underset{20}{4 \times 5}$와 같아요.

② $5 \times 2 =$

$5 \times 2 =$

$5 \times 4 =$

③ $3 \times 5 =$

$3 \times 3 =$

$3 \times 8 =$

④ $2 \times 3 =$

$2 \times 4 =$

$2 \times 7 =$

⑤ $9 \times 4 =$

$9 \times 5 =$

$9 \times 9 =$

⑥ $6 \times 5 =$

$6 \times 3 =$

$6 \times 8 =$

⑦ $3 \times 6 =$

$3 \times 2 =$

$3 \times 8 =$

⑧ $8 \times 7 =$

$8 \times 2 =$

$8 \times 9 =$

⑨ $7 \times 2 =$

$7 \times 4 =$

$7 \times 6 =$

⑩ $8 \times 3 =$

$8 \times 3 =$

$8 \times 6 =$

⑪ $5 \times 3 =$

$5 \times 5 =$

$5 \times 8 =$

⑫ $6 \times 5 =$

$6 \times 4 =$

$6 \times 9 =$

⑬ 2×7 =

7×7 =

9×7 =

⑭ 1×6 =

3×6 =

4×6 =

⑮ 1×2 =

5×2 =

6×2 =

⑯ 3×4 =

5×4 =

8×4 =

⑰ 5×7 =

2×7 =

7×7 =

⑱ 4×2 =

4×2 =

8×2 =

⑲ 4×9 =

2×9 =

6×9 =

⑳ 3×3 =

3×3 =

6×3 =

㉑ 2×8 =

3×8 =

5×8 =

㉒ 4×5 =

3×5 =

7×5 =

㉓ 2×4 =

4×4 =

6×4 =

㉔ 2×9 =

5×9 =

7×9 =

10 곱셈식 완성하기

곱셈구구를 외우면서 빈칸을 채워 봐.

● 빈칸에 알맞은 수를 써 보세요.

① $6 \times \underline{2} = 12$
육　이　십이!

② $7 \times \underline{} = 21$
칠　삼　이십일!

③ $2 \times \underline{} = 18$

④ $4 \times \underline{} = 20$

⑤ $3 \times \underline{} = 12$

⑥ $5 \times \underline{} = 10$

⑦ $8 \times \underline{} = 24$

⑧ $6 \times \underline{} = 36$

⑨ $7 \times \underline{} = 35$

⑩ $9 \times \underline{} = 45$

⑪ $3 \times \underline{} = 27$

⑫ $5 \times \underline{} = 30$

⑬ $8 \times \underline{} = 32$

⑭ $6 \times \underline{} = 42$

⑮ $9 \times \underline{} = 18$

⑯ $7 \times \underline{} = 28$

⑰ $3 \times \underline{} = 21$

⑱ $5 \times \underline{} = 25$

⑲ $9 \times \underline{} = 36$

⑳ $8 \times \underline{} = 64$

㉑ $7 \times \underline{} = 56$

㉒ $6 \times \underline{} = 24$

㉓ $2 \times \underline{} = 14$

㉔ $9 \times \underline{} = 54$

㉕ $8 \times \underline{} = 56$

㉖ $5 \times \underline{} = 35$

㉗ $8 \times \underline{} = 72$

㉘ $9 \times \underline{} = 81$

㉙ $2 \times \underline{} = 10$

㉚ $3 \times \underline{} = 18$

㉛ ____ $\times 8=16$

㉜ ____ $\times 3=12$

㉝ ____ $\times 7=63$

㉞ ____ $\times 3=18$

㉟ ____ $\times 3=9$

㊱ ____ $\times 6=24$

㊲ ____ $\times 3=15$

㊳ ____ $\times 4=16$

㊴ ____ $\times 8=48$

㊵ ____ $\times 7=28$

㊶ ____ $\times 6=42$

㊷ ____ $\times 9=45$

㊸ ____ $\times 2=14$

㊹ ____ $\times 4=8$

㊺ ____ $\times 8=72$

㊻ ____ $\times 5=15$

㊼ ____ $\times 4=20$

㊽ ____ $\times 9=36$

㊾ ____ $\times 5=30$

㊿ ____ $\times 5=40$

(51) ____ $\times 9=63$

(52) ____ $\times 6=48$

(53) ____ $\times 7=49$

(54) ____ $\times 8=24$

(55) ____ $\times 8=32$

(56) ____ $\times 3=6$

(57) ____ $\times 9=54$

(58) ____ $\times 8=40$

(59) ____ $\times 2=8$

(60) ____ $\times 6=12$

(61) ____ ×5=10

(62) ____ ×1=6

(63) ____ ×3=27

(64) ____ ×4=4

(65) ____ ×2=16

(66) ____ ×5=50

(67) ____ ×10=30

(68) ____ ×7=7

(69) ____ ×3=0

(70) ____ ×9=72

(71) ____ ×10=20

(72) ____ ×1=5

(73) ____ ×10=90

(74) ____ ×6=60

(75) ____ ×9=81

(76) ____ ×8=8

(77) ____ ×2=6

(78) ____ ×1=4

(79) ____ ×2=4

(80) ____ ×10=70

(81) ____ ×3=3

(82) ____ ×1=9

(83) ____ ×8=0

(84) ____ ×4=40

(85) ____ ×10=80

(86) ____ ×6=6

(87) ____ ×2=0

(88) ____ ×5=20

(89) ____ ×7=70

(90) ____ ×10=50

11 곱셈 퍼즐 완성하기

어느 칸부터 채워야 할지 생각해 봐.

● 퍼즐을 완성해 보세요.

① 삼×이=육 / 2

3	×	2	=	6
×		×		×
	×	2	=	
=		=		=
	×	4	=	12

이×이=사 / 4

②

2	×		=	10
×		×		×
	×	1	=	
=		=		=
	×		=	40

③

3	×		=	9
×		×		×
	×	3	=	
=		=		=
	×		=	27

④

4	×		=	4
×		×		×
	×	2	=	
=		=		=
	×		=	16

⑤

5	×		=	10
×		×		×
	×	4	=	
=		=		=
	×		=	80

⑥

2	×		=	4
×		×		×
	×	2	=	
=		=		=
	×		=	32

⑦

	×	2	=	8
×		×		×
2	×	3	=	
=		=		=
	×		=	

⑧

	×	2	=	4
×		×		×
3	×	3	=	
=		=		=
	×		=	

⑨

	×	3	=	9
×		×		×
3	×		=	6
=		=		=
	×		=	

⑩

	×	1	=	5
×		×		×
2	×		=	4
=		=		=
	×		=	

⑪

	×	2	=	8
×		×		×
2	×		=	
=		=		=
	×		=	64

⑫

	×	2	=	6
×		×		×
1	×		=	
=		=		=
	×		=	24

계산기로 곱셈을 할 때는 수 × 수 = 의 순서로 눌러.

12 계산기로 곱하기

● 2부터 9까지의 수 중 어떤 두 수와 기호를 눌러 곱한 것인지 찾아 색칠해 보세요.

①
			20
7	8	9	÷
4	5	6	×
1	2	3	−
0	•	=	+

2~9까지의 수 중 곱해서 20이 되는 두 수는 4, 5예요.

②
			28
7	8	9	÷
4	5	6	×
1	2	3	−
0	•	=	+

③
			35
7	8	9	÷
4	5	6	×
1	2	3	−
0	•	=	+

④
			72
7	8	9	÷
4	5	6	×
1	2	3	−
0	•	=	+

⑤
			48
7	8	9	÷
4	5	6	×
1	2	3	−
0	•	=	+

⑥
			56
7	8	9	÷
4	5	6	×
1	2	3	−
0	•	=	+

⑦

			10
7	8	9	÷
4	5	6	×
1	2	3	−
0	•	=	+

⑧

			15
7	8	9	÷
4	5	6	×
1	2	3	−
0	•	=	+

⑨

			27
7	8	9	÷
4	5	6	×
1	2	3	−
0	•	=	+

⑩

			40
7	8	9	÷
4	5	6	×
1	2	3	−
0	•	=	+

⑪

			54
7	8	9	÷
4	5	6	×
1	2	3	−
0	•	=	+

⑫

			42
7	8	9	÷
4	5	6	×
1	2	3	−
0	•	=	+

주어진 곱이 모두 나오려면 **가운데 칸의 수부터** 정해야 해.

13 곱을 보고 곱한 수 찾기

● 두 수의 곱이 각각 왼쪽과 오른쪽의 수가 되도록 ☐ 안의 수를 빈칸에 써 보세요.

①

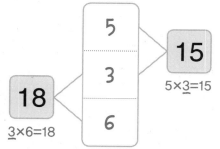

5×3=15

3×6=18

15와 18은 둘 다 3단 곱셈구구의 곱이에요.

②

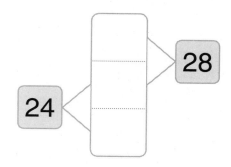

③
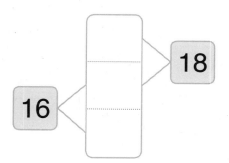

④
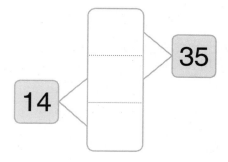

⑤
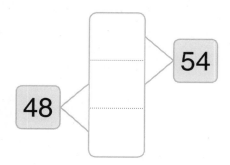

⑥
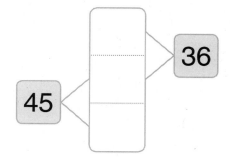

⑦

5　4　8

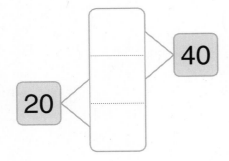

⑧

6　3　7

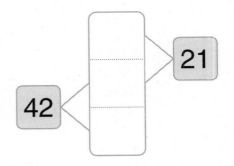

⑨

9　3　7

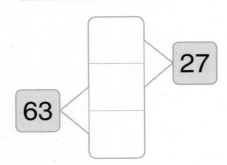

⑩

8　4　7

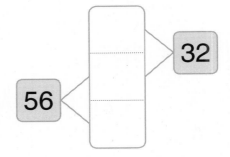

⑪

3　4　8

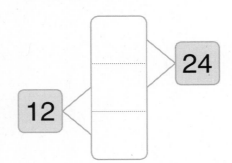

⑫

3　6　2

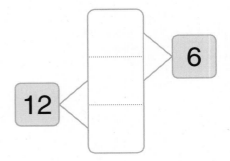

14 등식 완성하기

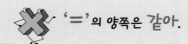

'='의 양쪽은 같아.

● '='의 양쪽이 같게 되도록 빈칸에 알맞은 수를 써 보세요.

① $4+4$ = $4 \times$ __2__

8 → 8이 되려면
2를 곱해야 해요.

② $11+5$ = $8 \times$ _____

③ $7+5$ = $3 \times$ _____

④ $40+2$ = $6 \times$ _____

⑤ $30+2$ = $4 \times$ _____

⑥ $20+7$ = $3 \times$ _____

⑦ $25+10$ = $7 \times$ _____

⑧ $40+24$ = $8 \times$ _____

⑨ $10+20$ = $5 \times$ _____

⑩ $30+33$ = $7 \times$ _____

⑪ $70+2$ = $8 \times$ _____

⑫ $1+80$ = $9 \times$ _____

⑬ $40+9$ = $7 \times$ _____

⑭ $30+6$ = $9 \times$ _____

⑮ $14+10$ = $4 \times$ _____

⑯ $50+6$ = $7 \times$ _____

⑰ $20-5 = 5\times$ _____

⑱ $30-9 = 7\times$ _____

⑲ $50-2 = 6\times$ _____

⑳ $60-6 = 9\times$ _____

㉑ $10-4 = 2\times$ _____

㉒ $20-2 = 9\times$ _____

㉓ $40-8 = 8\times$ _____

㉔ $70-7 = 9\times$ _____

㉕ $50-1 = 7\times$ _____

㉖ $30-2 = 4\times$ _____

㉗ $40-4 = 4\times$ _____

㉘ $60-4 = 7\times$ _____

㉙ $20-4 = 8\times$ _____

㉚ $30-9 = 3\times$ _____

㉛ $40-5 = 7\times$ _____

㉜ $40-4 = 6\times$ _____

수능까지 연결되는 독해 로드맵

디딤돌 독해력은 수능까지 연결되는 체계적인 라인업을 통하여

수능에서 요구하는 핵심 독해 원리에 대한 이해는 물론,

단계 별로 심화되며 연결되는 학습의 과정을 통해

깊이 있고 종합적인 독해 사고의 능력까지 기를 수 있도록 도와줍니다.

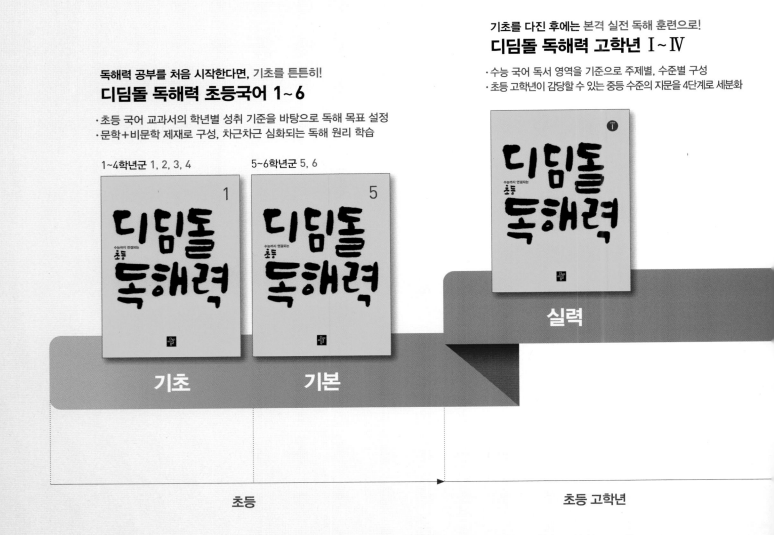

기초를 다진 후에는 본격 실전 독해 훈련으로!
디딤돌 독해력 고학년 Ⅰ~Ⅳ

· 수능 국어 독서 영역을 기준으로 주제별, 수준별 구성
· 초등 고학년이 감당할 수 있는 중등 수준의 지문을 4단계로 세분화

독해력 공부를 처음 시작한다면, 기초를 튼튼히!
디딤돌 독해력 초등국어 1~6

· 초등 국어 교과서의 학년별 성취 기준을 바탕으로 독해 목표 설정
· 문학+비문학 제재로 구성, 차근차근 심화되는 독해 원리 학습

1~4학년군 1, 2, 3, 4   5~6학년군 5, 6

실력

기초   기본

초등   초등 고학년

디딤돌
연산은
수학이다.

정답과
학습지도법

디딤돌
연산은 수학이다.

수학

정답과
학습지도법

1 곱셈의 기초

곱셈은 같은 수를 여러 번 더하는 것입니다. 따라서 덧셈을 곱셈으로, 곱셈을 덧셈으로 나타내는 연습을 하면 자연스럽게 곱셈구구까지 이해할 수 있습니다. 뛰어 세기, 묶어 세기, 같은 수를 여러 번 더하기 활동을 통해 곱셈을 여러 가지로 표현할 수 있도록 지도해 주세요.

01 묶어 세기　　　　　　　8~10쪽

① 4, 8
② 4, 12
③ 3, 12
④ 3, 15
⑤ 4, 24
⑥ 3, 21
⑦ 4, 32
⑧ 3, 27
⑨ 7, 14
⑩ 8, 24
⑪ 5, 25
⑫ 5, 30
⑬ 4, 28
⑭ 5, 40
⑮ 4, 36

곱셈의 원리 ● 계산 원리 이해

02 덧셈식으로 나타내기　　　11~13쪽

① 5 / 2, 2, 2, 2, 10
② 4 / 3, 3, 3, 12
③ 3 / 4, 4, 12
④ 4 / 5, 5, 5, 20
⑤ 3 / 6, 6, 18
⑥ 2 / 7, 14
⑦ 4 / 8, 8, 8, 32
⑧ 3 / 9, 9, 27
⑨ 4 / 2, 2, 2, 8
⑩ 5 / 3, 3, 3, 3, 15
⑪ 5 / 4, 4, 4, 4, 20
⑫ 3 / 5, 5, 15
⑬ 4 / 6, 6, 6, 24
⑭ 4 / 7, 7, 7, 28
⑮ 3 / 8, 8, 24

곱셈의 원리 ● 덧셈과 곱셈의 관계

03 덧셈식을 곱셈식으로 나타내기 14~16쪽

① 3
② 5
③ 4
④ 2
⑤ 6
⑥ 5
⑦ 9
⑧ 7
⑨ 7
⑩ 3
⑪ 7
⑫ 5
⑬ 6, 8
⑭ 5, 6
⑮ 8, 4
⑯ 7, 3
⑰ 4, 6
⑱ 3, 4
⑲ 6, 5
⑳ 10, 4
㉑ 5, 2
㉒ 3, 8
㉓ 2, 9
㉔ 7, 5
㉕ 4, 7
㉖ 9, 6
㉗ 6, 4
㉘ 5, 9
㉙ 2, 6
㉚ 7, 8
㉛ 8, 3
㉜ 3, 5
㉝ 6, 7
㉞ 9, 8
㉟ 5, 7
㊱ 10, 9

곱셈의 원리 ● 덧셈과 곱셈의 관계

04 덧셈으로 곱 구하기 17~20쪽

① 5×②

```
    5      ❶ 5를 2번 쓰고
 +  5
  1 0      ❷ 모두 더해요.
```

② 3×2

```
    3
 +  3
    6
```

③ 8×2

```
    8
 +  8
  1 6
```

④ 9×2

```
    9
 +  9
  1 8
```

⑤ 2×4

```
    2
    2
    2
 +  2
    8
```

⑥ 4×4

```
    4
    4
    4
 +  4
  1 6
```

⑦ 6×4

```
    6
    6
    6
 +  6
  2 4
```

⑧ 7×4

```
    7
    7
    7
 +  7
  2 8
```

⑨ 3×6

```
    3
    3
    3
    3
    3
 +  3
  1 8
```

⑩ 5×6

```
    5
    5
    5
    5
    5
 +  5
  3 0
```

⑪ 8×6

```
    8
    8
    8
    8
    8
 +  8
  4 8
```

⑫ 9×6

```
    9
    9
    9
    9
    9
 +  9
  5 4
```

⑬ 2×2

```
    2
 +  2
    4
```

⑭ 4×2

```
    4
 +  4
    8
```

⑮ 6×2

```
    6
 +  6
  1 2
```

⑯ 7×2

```
    7
 +  7
  1 4
```

⑰ 3×3

```
    3
    3
 +  3
    9
```

⑱ 4×3

```
    4
    4
 +  4
  1 2
```

⑲ 8×3

```
    8
    8
 +  8
  2 4
```

⑳ 9×3

```
    9
    9
 +  9
  2 7
```

㉑ 2×5

```
    2
    2
    2
    2
 +  2
  1 0
```

㉒ 5×5

```
    5
    5
    5
    5
 +  5
  2 5
```

㉓ 6×5

```
    6
    6
    6
    6
 +  6
  3 0
```

㉔ 7×5

```
    7
    7
    7
    7
 +  7
  3 5
```

㉕ 2×3
```
  2
  2
+ 2
───
  6
```

㉖ 5×3
```
  5
  5
+ 5
───
1 5
```

㉗ 6×3
```
  6
  6
+ 6
───
1 8
```

㉘ 7×3
```
  7
  7
+ 7
───
2 1
```

㉙ 3×4
```
  3
  3
  3
+ 3
───
1 2
```

㉚ 5×4
```
  5
  5
  5
+ 5
───
2 0
```

㉛ 8×4
```
  8
  8
  8
+ 8
───
3 2
```

㉜ 9×4
```
  9
  9
  9
+ 9
───
3 6
```

㉝ 3×5
```
  3
  3
  3
  3
+ 3
───
1 5
```

㉞ 4×5
```
  4
  4
  4
  4
+ 4
───
2 0
```

㉟ 8×5
```
  8
  8
  8
  8
+ 8
───
4 0
```

㊱ 9×5
```
  9
  9
  9
  9
+ 9
───
4 5
```

㊲ 3×7
```
  3
  3
  3
  3
  3
  3
+ 3
───
2 1
```

㊳ 6×7
```
  6
  6
  6
  6
  6
  6
+ 6
───
4 2
```

㊴ 7×7
```
  7
  7
  7
  7
  7
  7
+ 7
───
4 9
```

㊵ 9×7
```
  9
  9
  9
  9
  9
  9
+ 9
───
6 3
```

㊶ 2×8
```
  2
  2
  2
  2
  2
  2
  2
+ 2
───
1 6
```

㊷ 4×8
```
  4
  4
  4
  4
  4
  4
  4
+ 4
───
3 2
```

㊸ 5×8
```
  5
  5
  5
  5
  5
  5
  5
+ 5
───
4 0
```

㊹ 8×8
```
  8
  8
  8
  8
  8
  8
  8
+ 8
───
6 4
```

곱셈의 원리 ● 계산 원리 이해

05 덧셈식으로 곱셈식 알기

① 3, 6
② 4, 8
③ 2, 14
④ 3, 21
⑤ 3, 15
⑥ 5, 25
⑦ 4, 12
⑧ 6, 18
⑨ 4, 16
⑩ 7, 28
⑪ 2, 12
⑫ 7, 42
⑬ 3, 24
⑭ 6, 30
⑮ 3, 30
⑯ 4, 28
⑰ 8, 48
⑱ 2, 18
⑲ 9, 18
⑳ 6, 48
㉑ 8, 24
㉒ 3, 12
㉓ 7, 56
㉔ 5, 45
㉕ 2, 5, 10
㉖ 8, 2, 16
㉗ 6, 3, 18
㉘ 5, 7, 35
㉙ 4, 9, 36
㉚ 10, 5, 50
㉛ 9, 4, 36
㉜ 7, 5, 35
㉝ 8, 8, 64
㉞ 3, 3, 9
㉟ 10, 4, 40
㊱ 9, 6, 54
㊲ 3, 5, 15

㊳ 2, 7, 14

㊴ 4, 6, 24

㊵ 6, 5, 30

㊶ 9, 8, 72

㊷ 7, 6, 42

㊸ 4, 8, 32

㊹ 5, 4, 20

㊺ 2, 8, 16

㊻ 8, 9, 72

㊼ 3, 9, 27

㊽ 10, 7, 70

곱셈의 원리 ● 계산 원리 이해

06 곱셈을 여러 가지로 나타내기   25~27쪽

① 3 / 3 / 5, 5, 15 / 3, 15

② 3 / 3 / 6, 6, 18 / 3, 18

③ 4 / 4 / 3, 3, 3, 12 / 4, 12

④ 3 / 3 / 4, 4, 12 / 3, 12

⑤ 6 / 6 / 3, 3, 3, 3, 3, 18 / 6, 18

⑥ 4 / 4 / 7, 7, 7, 28 / 4, 28

⑦ 5 / 5 / 2, 2, 2, 2, 10 / 5, 10

⑧ 4 / 4 / 8, 8, 8, 32 / 4, 32

⑨ 3 / 3 / 9, 9, 27 / 3, 27

곱셈의 원리 ● 계산 원리 이해

곱셈
여러 개의 물건을 셀 때 뛰어 세기나 묶어 세기를 통해 같은 수를 여러 번 더하게 되는데 이 방법은 시간이 오래 걸립니다. 이러한 이유로 같은 수 몇 개를 덧셈한 것과 같은 결과를 얻을 수 있는 연산법인 '곱셈'이라는 새로운 연산이 필요했습니다. 몇씩 몇 묶음을 몇의 몇 배로 나타냄으로써 곱셈의 개념을 정확히 이해하면 곱셈 상황을 곱셈식으로 표현하는 것도 쉬워집니다.

2 2, 5단 곱셈구구

단 곱셈구구를 처음으로 접하는 단원입니다. 곱셈구구를 기계적으로 외우면 이후에 큰 수의 곱셈을 배울 때 핵심 개념을 연계하기 어렵습니다. 물건을 2개씩 묶어 세거나 시간을 5분씩 뛰어 세는 경우처럼 곱이 '몇씩 늘어나는지'에 초점을 맞추어 지도해 주세요.

01 2단 묶어 세기   30쪽

① 1, 2

② 2, 4

③ 3, 6

④ 4, 8

⑤ 5, 10

⑥ 6, 12

⑦ 7, 14

⑧ 8, 16

⑨ 9, 18

곱셈의 원리 ● 계산 원리 이해

02 2단 뛰어 세기   31쪽

① 1, 2

② 2, 4

③ 3, 6

④ 4, 8

⑤ 5, 10

⑥ 6, 12

⑦ 7, 14

⑧ 8, 16

⑨ 9, 18

곱셈의 원리 ● 계산 원리 이해

03 덧셈식을 2단 곱셈식으로 나타내기 32쪽

① 1, 2
② 4 / 2, 4
③ 6 / 3, 6
④ 8 / 4, 8
⑤ 10 / 5, 10
⑥ 12 / 6, 12
⑦ 14 / 7, 14
⑧ 16 / 8, 16
⑨ 18 / 9, 18

곱셈의 원리 ● 덧셈과 곱셈의 관계

04 2단 곱셈구구 33쪽

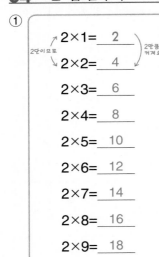

①
2×1= 2
2단이므로   2만큼 커져요.
2×2= 4
2×3= 6
2×4= 8
2×5= 10
2×6= 12
2×7= 14
2×8= 16
2×9= 18

②
2× 1 =2
2×2= 4
2×3= 6
2× 4 =8
2× 5 =10
2×6= 12
2×7= 14
2× 8 =16
2×9= 18

곱셈의 원리 ● 계산 원리 이해

05 2단 가로셈 34쪽

① 10　　　　② 6
③ 14　　　　④ 2
⑤ 18　　　　⑥ 8
⑦ 4　　　　⑧ 12
⑨ 16　　　　⑩ 20
⑪ 8　　　　⑫ 14
⑬ 12　　　　⑭ 10
⑮ 6　　　　⑯ 18
⑰ 20　　　　⑱ 4
⑲ 2　　　　⑳ 16

곱셈의 원리 ● 계산 방법 이해

06 2단 곱셈표 완성하기 35쪽

① 2, 4, 6, 8, 10, 12, 14, 16, 18
② 18, 16, 14, 12, 10, 8, 6, 4, 2
③ 16, 4, 10, 6, 18, 8, 14, 2, 12
④ 10, 14, 2, 6, 12, 18, 4, 8, 16

곱셈의 원리 ● 계산 원리 이해

07 2단 곱셈표에서 규칙 찾기　36쪽

① 2, 4, 6, 8, 10, 12 / 2, 2, 2, 2, 2
② 8, 10, 12, 14, 16, 18 / 2, 2, 2, 2, 2
③ 4, 8, 12, 16 / 4, 4, 4
④ 2, 6, 10, 14, 18 / 4, 4, 4, 4

곱셈의 원리 ● 계산 원리 이해

08 2단 곱셈구구 찾아 색칠하기　37쪽

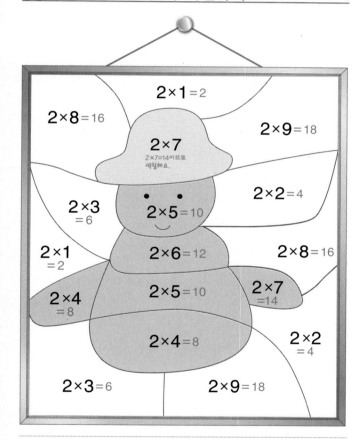

곱셈의 활용 ● 상황에 맞는 곱셈

09 5단 묶어 세기　38쪽

① 1, 5
② 2, 10
③ 3, 15
④ 4, 20
⑤ 5, 25
⑥ 6, 30
⑦ 7, 35
⑧ 8, 40
⑨ 9, 45

곱셈의 원리 ● 계산 원리 이해

10 5단 뛰어 세기　39쪽

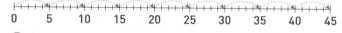

① 1, 5
② 2, 10
③ 3, 15
④ 4, 20
⑤ 5, 25
⑥ 6, 30
⑦ 7, 35
⑧ 8, 40
⑨ 9, 45

곱셈의 원리 ● 계산 원리 이해

11 덧셈식을 5단 곱셈식으로 나타내기 40쪽

① 1, 5
② 10 / 2, 10
③ 15 / 3, 15
④ 20 / 4, 20
⑤ 25 / 5, 25
⑥ 30 / 6, 30
⑦ 35 / 7, 35
⑧ 40 / 8, 40
⑨ 45 / 9, 45

곱셈의 원리 ● 덧셈과 곱셈의 관계

12 5단 곱셈구구 41쪽

①

5단이므로

$5 \times 1 = \underline{5}$
$5 \times 2 = \underline{10}$ 5만큼 커져요.
$5 \times 3 = \underline{15}$
$5 \times 4 = \underline{20}$
$5 \times 5 = \underline{25}$
$5 \times 6 = \underline{30}$
$5 \times 7 = \underline{35}$
$5 \times 8 = \underline{40}$
$5 \times 9 = \underline{45}$

②

$5 \times 1 = \underline{5}$
$5 \times \underline{2} = 10$
$5 \times 3 = \underline{15}$
$5 \times 4 = \underline{20}$
$5 \times \underline{5} = 25$
$5 \times \underline{6} = 30$
$5 \times 7 = \underline{35}$
$5 \times \underline{8} = 40$
$5 \times \underline{9} = 45$

곱셈의 원리 ● 계산 원리 이해

5분 단위로 시계 읽기

시계를 볼 때 몇 시인지는 시침이 가리키는 숫자를 따라 읽으면 되지만 몇 분인지는 분침이 가리키는 숫자를 그대로 읽으면 안 됩니다. 긴바늘이 숫자 1을 가리키면 5분을 나타내고, 긴바늘이 가리키는 숫자가 1씩 커질 때마다 5분씩 커집니다. 5단 뛰어 세기와 5단 곱셈구구에 익숙해지면 이후에 배우게 될 시각과 시간을 수월하게 학습할 수 있습니다.

13 5단 가로셈 42쪽

① 15　　② 10
③ 30　　④ 20
⑤ 5　　⑥ 45
⑦ 25　　⑧ 40
⑨ 50　　⑩ 35
⑪ 20　　⑫ 15
⑬ 10　　⑭ 5
⑮ 40　　⑯ 30
⑰ 45　　⑱ 50
⑲ 35　　⑳ 25

곱셈의 원리 ● 계산 방법 이해

14 5단 곱셈표 완성하기 43쪽

① 5, 10, 15, 20, 25, 30, 35, 40, 45
② 45, 40, 35, 30, 25, 20, 15, 10, 5
③ 30, 15, 20, 35, 10, 25, 45, 5, 40
④ 10, 45, 30, 15, 40, 20, 5, 25, 35

곱셈의 원리 ● 계산 원리 이해

15 5단 곱셈표에서 규칙 찾기 44쪽

① 5, 10, 15, 20, 25, 30 / 5, 5, 5, 5, 5
② 20, 25, 30, 35, 40, 45 / 5, 5, 5, 5, 5
③ 10, 20, 30, 40 / 10, 10, 10
④ 5, 15, 25, 35, 45 / 10, 10, 10, 10

곱셈의 원리 ● 계산 원리 이해

16 5단 곱셈구구 길 찾기 45쪽

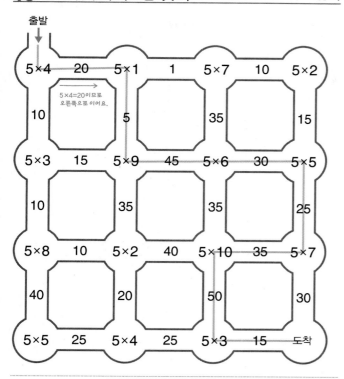

3 3, 6단 곱셈구구

3, 6단 곱셈구구의 구성 원리를 다양한 방법으로 학습함으로써 곱셈구구의 편리함을 알게 된 후, 3, 6단 곱셈구구를 외울 수 있도록 지도해 주세요. 또한, 3단 곱셈구구와 6단 곱셈구구의 관계를 생각해 보면서 생각을 확장시켜 주세요.

01 3단 묶어 세기 48쪽

① 1, 3
② 2, 6
③ 3, 9
④ 4, 12
⑤ 5, 15
⑥ 6, 18
⑦ 7, 21
⑧ 8, 24
⑨ 9, 27

02 3단 뛰어 세기 49쪽

① 1, 3
② 2, 6
③ 3, 9
④ 4, 12
⑤ 5, 15
⑥ 6, 18
⑦ 7, 21
⑧ 8, 24
⑨ 9, 27

03 덧셈식을 3단 곱셈식으로 나타내기   50쪽

① 1, 3
② 6 / 2, 6
③ 9 / 3, 9
④ 12 / 4, 12
⑤ 15 / 5, 15
⑥ 18 / 6, 18
⑦ 21 / 7, 21
⑧ 24 / 8, 24
⑨ 27 / 9, 27

곱셈의 원리 ● 덧셈과 곱셈의 관계

04 3단 곱셈구구   51쪽

①
$3 \times 1 = \underline{3}$
3단이므로   3만큼
$3 \times 2 = \underline{6}$ 커져요.
$3 \times 3 = \underline{9}$
$3 \times 4 = \underline{12}$
$3 \times 5 = \underline{15}$
$3 \times 6 = \underline{18}$
$3 \times 7 = \underline{21}$
$3 \times 8 = \underline{24}$
$3 \times 9 = \underline{27}$

②
$3 \times \underline{1} = 3$
$3 \times 2 = \underline{6}$
$3 \times 3 = \underline{9}$
$3 \times \underline{4} = 12$
$3 \times 5 = \underline{15}$
$3 \times \underline{6} = 18$
$3 \times \underline{7} = 21$
$3 \times \underline{8} = 24$
$3 \times 9 = \underline{27}$

곱셈의 원리 ● 계산 원리 이해

05 3단 가로셈   52쪽

① 6   ② 15
③ 3   ④ 18
⑤ 12   ⑥ 21
⑦ 27   ⑧ 30
⑨ 9   ⑩ 24
⑪ 15   ⑫ 3
⑬ 6   ⑭ 27
⑮ 21   ⑯ 9
⑰ 18   ⑱ 24
⑲ 30   ⑳ 12

곱셈의 원리 ● 계산 방법 이해

06 3단 곱셈표 완성하기   53쪽

① 3, 6, 9, 12, 15, 18, 21, 24, 27
② 27, 24, 21, 18, 15, 12, 9, 6, 3
③ 21, 9, 3, 12, 24, 15, 27, 18, 6
④ 15, 12, 6, 27, 3, 24, 21, 9, 18

곱셈의 원리 ● 계산 원리 이해

07 3단 곱셈표에서 규칙 찾기   54쪽

① 3, 6, 9, 12, 15, 18 / 3, 3, 3, 3, 3
② 12, 15, 18, 21, 24, 27 / 3, 3, 3, 3, 3
③ 6, 12, 18, 24 / 6, 6, 6
④ 3, 9, 15, 21, 27 / 6, 6, 6, 6

곱셈의 원리 ● 계산 원리 이해

08 3단 곱셈구구 미로 탈출하기 55쪽

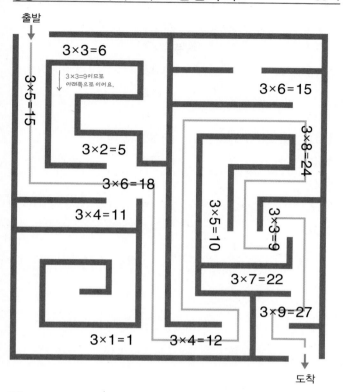

곱셈의 활용 ● 상황에 맞는 곱셈

09 6단 묶어 세기 56쪽

① 1, 6

② 2, 12

③ 3, 18

④ 4, 24

⑤ 5, 30

⑥ 6, 36

⑦ 7, 42

⑧ 8, 48

⑨ 9, 54

곱셈의 원리 ● 계산 원리 이해

10 6단 뛰어 세기 57쪽

① 1, 6

② 2, 12

③ 3, 18

④ 4, 24

⑤ 5, 30

⑥ 6, 36

⑦ 7, 42

⑧ 8, 48

⑨ 9, 54

곱셈의 원리 ● 계산 원리 이해

11 덧셈식을 6단 곱셈식으로 나타내기 58쪽

① 1, 6

② 12 / 2, 12

③ 18 / 3, 18

④ 24 / 4, 24

⑤ 30 / 5, 30

⑥ 36 / 6, 36

⑦ 42 / 7, 42

⑧ 48 / 8, 48

⑨ 54 / 9, 54

곱셈의 원리 ● 덧셈과 곱셈의 관계

12 6단 곱셈구구

①
$$6 \times 1 = \underline{6}$$
6단이므로 6만큼 커져요.
$$6 \times 2 = \underline{12}$$
$$6 \times 3 = \underline{18}$$
$$6 \times 4 = \underline{24}$$
$$6 \times 5 = \underline{30}$$
$$6 \times 6 = \underline{36}$$
$$6 \times 7 = \underline{42}$$
$$6 \times 8 = \underline{48}$$
$$6 \times 9 = \underline{54}$$

②
$$6 \times \underline{1} = 6$$
$$6 \times 2 = \underline{12}$$
$$6 \times \underline{3} = 18$$
$$6 \times \underline{4} = 24$$
$$6 \times \underline{5} = 30$$
$$6 \times 6 = \underline{36}$$
$$6 \times 7 = \underline{42}$$
$$6 \times \underline{8} = 48$$
$$6 \times 9 = \underline{54}$$

곱셈의 원리 ● 계산 원리 이해

6단 곱셈구구의 특징

6단 곱셈구구는 앞에서 배운 단보다 틀리기 쉽습니다. 이때 6단 곱셈구구의 특징을 슈타이너 구구단 도형으로 지도하면 쉽게 기억할 수 있습니다. 6단 곱셈구구의 일의 자리 숫자인 0, 6, 2, 8, 4에 해당하는 점을 선으로 이으면 별 모양이 그려집니다.

13 6단 가로셈

① 24	② 6
③ 30	④ 42
⑤ 18	⑥ 48
⑦ 60	⑧ 12
⑨ 54	⑩ 36
⑪ 12	⑫ 30
⑬ 48	⑭ 24
⑮ 42	⑯ 54
⑰ 6	⑱ 18
⑲ 36	⑳ 60

곱셈의 원리 ● 계산 방법 이해

14 6단 곱셈표 완성하기

① 6, 12, 18, 24, 30, 36, 42, 48, 54
② 54, 48, 42, 36, 30, 24, 18, 12, 6
③ 24, 6, 36, 54, 30, 18, 42, 12, 48
④ 18, 42, 24, 12, 54, 6, 48, 36, 30

곱셈의 원리 ● 계산 원리 이해

15 6단 곱셈표에서 규칙 찾기

① 6, 12, 18, 24, 30, 36 / 6, 6, 6, 6, 6
② 24, 30, 36, 42, 48, 54 / 6, 6, 6, 6, 6
③ 12, 24, 36, 48 / 12, 12, 12
④ 6, 18, 30, 42, 54 / 12, 12, 12, 12

곱셈의 원리 ● 계산 원리 이해

16 6단 곱셈구구 찾아 색칠하기 63쪽

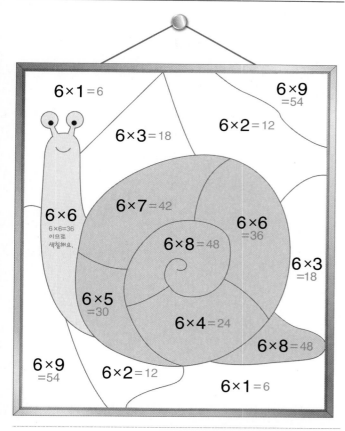

곱셈의 활용 ● 상황에 맞는 곱셈

4 4, 8단 곱셈구구

4, 8단 곱셈구구의 구성 원리를 다양한 방법으로 학습하면 4, 8단 곱셈구구를 쉽게 외울 수 있습니다. 또한, ■단 곱셈구구를 만드는 방법에는 ■를 계속해서 더하는 방법과 앞의 곱에 ■만큼 더하는 방법이 있습니다. 이와 같은 곱셈구구를 만드는 방법을 정확히 이해하도록 지도해 주세요.

01 4단 묶어 세기 66쪽

① 1, 4
② 2, 8
③ 3, 12
④ 4, 16
⑤ 5, 20
⑥ 6, 24
⑦ 7, 28
⑧ 8, 32
⑨ 9, 36

곱셈의 원리 ● 계산 원리 이해

02 4단 뛰어 세기 67쪽

① 1, 4
② 2, 8
③ 3, 12
④ 4, 16
⑤ 5, 20
⑥ 6, 24
⑦ 7, 28
⑧ 8, 32
⑨ 9, 36

곱셈의 원리 ● 계산 원리 이해

03 덧셈식을 4단 곱셈식으로 나타내기　　68쪽

① 1, 4
② 8 / 2, 8
③ 12 / 3, 12
④ 16 / 4, 16
⑤ 20 / 5, 20
⑥ 24 / 6, 24
⑦ 28 / 7, 28
⑧ 32 / 8, 32
⑨ 36 / 9, 36

곱셈의 원리 ● 덧셈과 곱셈의 관계

04 4단 곱셈구구　　69쪽

①

4단이므로　4×1=___4___　4만큼 커져요.
　　　　　4×2=___8___

4×3=___12___

4×4=___16___

4×5=___20___

4×6=___24___

4×7=___28___

4×8=___32___

4×9=___36___

②

4×___1___=4

4×2=___8___

4×___3___=12

4×___4___=16

4×5=___20___

4×6=___24___

4×___7___=28

4×8=___32___

4×9=___36___

곱셈의 원리 ● 계산 원리 이해

05 4단 가로셈　　70쪽

① 12　　　② 4
③ 16　　　④ 20
⑤ 28　　　⑥ 8
⑦ 36　　　⑧ 24
⑨ 32　　　⑩ 40
⑪ 20　　　⑫ 12
⑬ 8　　　⑭ 16
⑮ 40　　　⑯ 36
⑰ 4　　　⑱ 28
⑲ 24　　　⑳ 32

곱셈의 원리 ● 계산 방법 이해

06 4단 곱셈표 완성하기　　71쪽

① 4, 8, 12, 16, 20, 24, 28, 32, 36
② 36, 32, 28, 24, 20, 16, 12, 8, 4
③ 20, 12, 24, 36, 28, 4, 16, 8, 32
④ 16, 4, 32, 24, 28, 8, 20, 36, 12

곱셈의 원리 ● 계산 원리 이해

07 4단 곱셈표에서 규칙 찾기　　72쪽

① 4, 8, 12, 16, 20, 24 / 4, 4, 4, 4, 4
② 16, 20, 24, 28, 32, 36 / 4, 4, 4, 4, 4
③ 8, 16, 24, 32 / 8, 8, 8
④ 4, 12, 20, 28, 36 / 8, 8, 8, 8

곱셈의 원리 ● 계산 원리 이해

08 4단 곱셈구구 퍼즐 완성하기　73쪽

①

4	×	2	=	8
×		×		
5		2		4
=		=		×
20		4	×	1
				=
		2	×	8

②

4단 곱셈구구 퍼즐 ②

(① 퍼즐)

4	×	2	=	8
×		×		
5		2		4
=		=		×
20		4	×	1	=	4
				=
		2	×	8	=	16

(② 퍼즐)

		4	×	1	=	4
		×				×
3		2	×	3	=	6
×		=				=
4	×	8	=	32		24
=
12

곱셈의 활용 ● 상황에 맞는 곱셈

09 8단 묶어 세기　74쪽

① 1, 8
② 2, 16
③ 3, 24
④ 4, 32
⑤ 5, 40
⑥ 6, 48
⑦ 7, 56
⑧ 8, 64
⑨ 9, 72

곱셈의 원리 ● 계산 원리 이해

10 8단 뛰어 세기　75쪽

1	2	3	4	5	6	7	⑧	9	10	11	12	13	14	15
⑯	17	18	19	20	21	22	23	㉔	25	26	27	28	29	30
31	㉜	33	34	35	36	37	38	39	㊵	41	42	43	44	45
46	47	㊽	49	50	51	52	53	54	55	㊳	57	58	59	60
61	62	63	㊴	65	66	67	68	69	70	71	㊲	73	74	75

① 1, 8
② 2, 16
③ 3, 24
④ 4, 32
⑤ 5, 40
⑥ 6, 48
⑦ 7, 56
⑧ 8, 64
⑨ 9, 72

곱셈의 원리 ● 계산 원리 이해

11 덧셈식을 8단 곱셈식으로 나타내기　76쪽

① 1, 8
② 16 / 2, 16
③ 24 / 3, 24
④ 32 / 4, 32
⑤ 40 / 5, 40
⑥ 48 / 6, 48
⑦ 56 / 7, 56
⑧ 64 / 8, 64
⑨ 72 / 9, 72

곱셈의 원리 ● 덧셈과 곱셈의 관계

12 8단 곱셈구구
77쪽

①
8×1= 8
8×2= 16
8×3= 24
8×4= 32
8×5= 40
8×6= 48
8×7= 56
8×8= 64
8×9= 72

②
8×1= 8
8× 2 =16
8× 3 =24
8×4= 32
8× 5 =40
8×6= 48
8× 7 =56
8× 8 =64
8×9= 72

곱셈의 원리 ● 계산 원리 이해

13 8단 가로셈
78쪽

① 16
② 8
③ 32
④ 48
⑤ 40
⑥ 72
⑦ 24
⑧ 80
⑨ 64
⑩ 56
⑪ 72
⑫ 32
⑬ 8
⑭ 40
⑮ 56
⑯ 64
⑰ 48
⑱ 24
⑲ 80
⑳ 16

곱셈의 원리 ● 계산 방법 이해

4단과 8단 곱셈구구의 관계
4단 곱셈구구의 수를 2번 더하면 8단이 됩니다. 4×2=8, 즉 8은 4의 2 배이기 때문입니다. 또한, 4단 곱셈구구의 짝수 번째는 8단 곱셈구구의 일부입니다. 이와 같이 곱셈구구 안에서 다양한 관계를 찾아볼 수 있습 니다.

14 8단 곱셈표 완성하기
79쪽

① 8, 16, 24, 32, 40, 48, 56, 64, 72
② 72, 64, 56, 48, 40, 32, 24, 16, 8
③ 24, 48, 40, 8, 72, 64, 16, 32, 56
④ 40, 8, 56, 24, 64, 32, 16, 72, 48

곱셈의 원리 ● 계산 원리 이해

15 8단 곱셈표에서 규칙 찾기
80쪽

① 8, 16, 24, 32, 40, 48 / 8, 8, 8, 8, 8
② 32, 40, 48, 56, 64, 72 / 8, 8, 8, 8, 8
③ 16, 32, 48, 64 / 16, 16, 16
④ 8, 24, 40, 56, 72 / 16, 16, 16, 16

곱셈의 원리 ● 계산 원리 이해

16 8단 곱셈구구 길 찾기
81쪽

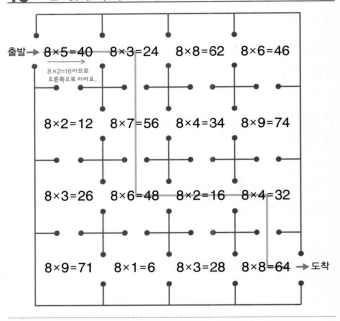

곱셈의 활용 ● 상황에 맞는 곱셈

5 7, 9단 곱셈구구

한 자리 수끼리의 곱셈은 수학적 또는 실생활에서 흔히 사용되므로 곱셈구구의 원리를 이해하고 활용하는 것이 편리합니다. 7, 9단 곱셈구구를 묶어 세기, 뛰어 세기 등의 활동을 통해 충분히 이해한 후 외울 수 있도록 지도해 주세요.

01 7단 묶어 세기   84쪽

① 1, 7
② 2, 14
③ 3, 21
④ 4, 28
⑤ 5, 35
⑥ 6, 42
⑦ 7, 49
⑧ 8, 56
⑨ 9, 63

곱셈의 원리 ● 계산 원리 이해

02 7단 뛰어 세기   85쪽

1	2	3	4	5	6	⑦	8	9	10	11	12	13
⑭	15	16	17	18	19	20	㉑	22	23	24	25	26
27	㉘	29	30	31	32	33	34	㉟	36	37	38	39
40	41	㊷	43	44	45	46	47	48	㊾	50	51	52
53	54	55	㊶	57	58	59	60	61	62	㊿	64	65

① 1, 7
② 2, 14
③ 3, 21
④ 4, 28
⑤ 5, 35
⑥ 6, 42
⑦ 7, 49
⑧ 8, 56
⑨ 9, 63

곱셈의 원리 ● 계산 원리 이해

03 덧셈식을 7단 곱셈식으로 나타내기   86쪽

① 1, 7
② 14 / 2, 14
③ 21 / 3, 21
④ 28 / 4, 28
⑤ 35 / 5, 35
⑥ 42 / 6, 42
⑦ 49 / 7, 49
⑧ 56 / 8, 56
⑨ 63 / 9, 63

곱셈의 원리 ● 덧셈과 곱셈의 관계

04 7단 곱셈구구   87쪽

①

7단이므로
$7 \times 1 = 7$
$7 \times 2 = 14$ 7만큼 커져요.
$7 \times 3 = 21$
$7 \times 4 = 28$
$7 \times 5 = 35$
$7 \times 6 = 42$
$7 \times 7 = 49$
$7 \times 8 = 56$
$7 \times 9 = 63$

②

$7 \times 1 = 7$
$7 \times 2 = 14$
$7 \times 3 = 21$
$7 \times 4 = 28$
$7 \times 5 = 35$
$7 \times 6 = 42$
$7 \times 7 = 49$
$7 \times 8 = 56$
$7 \times 9 = 63$

곱셈의 원리 ● 계산 원리 이해

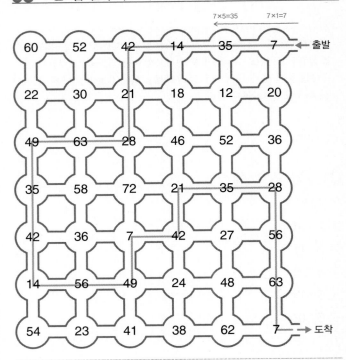

10 9단 뛰어 세기 93쪽

1	2	3	4	5	6	7	8	⑨	10	11	12	13	14	15	16	17
⑱	19	20	21	22	23	24	25	26	㉗	28	29	30	31	32	33	34
35	㊱	37	38	39	40	41	42	43	44	㊺	46	47	48	49	50	51
52	53	�554	55	56	57	58	59	60	61	62	㊿63	64	65	66	67	68
69	70	71	㉒72	73	74	75	76	77	78	79	80	㊁81	82	83	84	85

① 1, 9
② 2, 18
③ 3, 27
④ 4, 36
⑤ 5, 45
⑥ 6, 54
⑦ 7, 63
⑧ 8, 72
⑨ 9, 81

곱셈의 원리 ● 계산 원리 이해

11 덧셈식을 9단 곱셈식으로 나타내기 94쪽

① 1, 9
② 18 / 2, 18
③ 27 / 3, 27
④ 36 / 4, 36
⑤ 45 / 5, 45
⑥ 54 / 6, 54
⑦ 63 / 7, 63
⑧ 72 / 8, 72
⑨ 81 / 9, 81

곱셈의 원리 ● 덧셈과 곱셈의 관계

12 9단 곱셈구구 95쪽

①
$9 \times 1 = \underline{9}$ (9단이므로)
$9 \times 2 = \underline{18}$ (9만큼 커져요.)
$9 \times 3 = \underline{27}$
$9 \times 4 = \underline{36}$
$9 \times 5 = \underline{45}$
$9 \times 6 = \underline{54}$
$9 \times 7 = \underline{63}$
$9 \times 8 = \underline{72}$
$9 \times 9 = \underline{81}$

②
$9 \times \underline{1} = 9$
$9 \times 2 = \underline{18}$
$9 \times \underline{3} = 27$
$9 \times 4 = \underline{36}$
$9 \times \underline{5} = 45$
$9 \times \underline{6} = 54$
$9 \times 7 = \underline{63}$
$9 \times \underline{8} = 72$
$9 \times 9 = \underline{81}$

곱셈의 원리 ● 계산 원리 이해

손가락 9단 곱셈구구

양손만 있으면 9단 곱셈구구를 쉽게 말할 수 있습니다. 손가락으로 9단 곱셈구구를 하는 방법은 다음과 같습니다.

① 손가락마다 1부터 10까지의 이름을 붙여 줍니다.
② 손가락을 1부터 한 개씩 접습니다.
③ 접은 손가락의 왼쪽은 십의 자리, 오른쪽은 일의 자리를 나타냅니다.

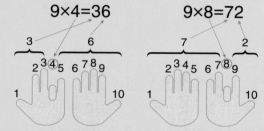

$9 \times 4 = 36$ $9 \times 8 = 72$

곱셈구구를 단순히 암기만 하도록 하지 않고 다양한 방향으로 지도하도록 합니다.

6 곱셈구구 종합

1단 곱셈구구와 0과 어떤 수의 곱을 이해하고, 앞서 배운 2단부터 9단까지의 곱셈구구를 종합적으로 해결해 보면서 곱셈구구를 완성할 수 있도록 지도해 주세요. 또한, 곱셈의 교환법칙 및 여러 가지 규칙들을 찾아보도록 합니다.

① 30
② 21
③ 36
④ 36
⑤ 9
⑥ 5
⑦ 18
⑧ 27
⑨ 32
⑩ 49
⑪ 9
⑫ 8
⑬ 18
⑭ 40
⑮ 24
⑯ 40
⑰ 0
⑱ 72
⑲ 10
⑳ 28
㉑ 18
㉒ 56
㉓ 45
㉔ 20
㉕ 42
㉖ 48
㉗ 30
㉘ 20
㉙ 16
㉚ 27
㉛ 8
㉜ 81
㉝ 14
㉞ 21
㉟ 24
㊱ 24
㊲ 20
㊳ 10
㊴ 3
㊵ 14
㊶ 12
㊷ 48
㊸ 56
㊹ 64
㊺ 24
㊻ 16
㊼ 36
㊽ 15
㊾ 28
㊿ 6
51 72
52 42
53 25
54 7
55 54
56 15
57 18
58 45
59 32
60 54
61 4
62 21
63 12
64 36
65 4
66 12
67 32
68 8
69 21
70 20
71 42
72 8
73 7
74 35
75 15
76 63
77 48
78 35
79 45
80 6
81 0
82 12
83 16
84 6
85 60
86 63
87 24
88 64
89 54
90 15

곱셈의 원리 ● 계산 방법 이해

① 6, 6
② 20, 20
③ 24, 24
④ 10, 10
⑤ 12, 12
⑥ 40, 40
⑦ 8, 8
⑧ 3, 3
⑨ 40, 40
⑩ 27, 27
⑪ 32, 32
⑫ 30, 30
⑬ 72, 72
⑭ 42, 42
⑮ 21, 21
⑯ 18, 18
⑰ 12, 12
⑱ 15, 15
⑲ 28, 28
⑳ 45, 45
㉑ 36, 36
㉒ 24, 24
㉓ 2, 2
㉔ 50, 50
㉕ 24, 24
㉖ 35, 35
㉗ 14, 14
㉘ 40, 40
㉙ 54, 54
㉚ 48, 48
㉛ 16, 16
㉜ 30, 30
㉝ 4, 4
㉞ 15, 15
㉟ 20, 20
㊱ 5, 5
㊲ 21, 21
㊳ 20, 20
㊴ 14, 14
㊵ 18, 18
㊶ 8, 8
㊷ 12, 12
㊸ 36, 36
㊹ 45, 45
㊺ 24, 24
㊻ 18, 18
㊼ 63, 63
㊽ 28, 28
㊾ 6, 6
㊿ 10, 10
51 35, 35
52 32, 32

곱셈의 성질 ● 교환법칙

교환법칙

교환법칙은 두 수를 바꾸어 계산해도 그 결과가 같다는 법칙으로 +와 ×에서만 성립합니다. 이것은 덧셈과 곱셈의 중요한 성질로 중등 과정에서 추상화된 표현으로 처음 배우게 됩니다. 비교적 간단한 수의 연산에서부터 교환법칙을 이해한다면 중등 학습에서도 쉽게 이해할 수 있을 뿐만 아니라 문제 해결력을 기르는 데에도 도움이 됩니다.

04 홀수끼리의 곱 110~111쪽

① 15	② 35	③ 1
④ 9	⑤ 3	⑥ 15
⑦ 21	⑧ 45	⑨ 3
⑩ 63	⑪ 63	⑫ 49
⑬ 25	⑭ 9	⑮ 45
⑯ 9	⑰ 5	⑱ 27
⑲ 81	⑳ 7	㉑ 9
㉒ 35	㉓ 15	㉔ 45
㉕ 3	㉖ 21	㉗ 7
㉘ 27	㉙ 5	㉚ 5
㉛ 35	㉜ 63	㉝ 63
㉞ 9	㉟ 15	㊱ 7
㊲ 15	㊳ 25	㊴ 3
㊵ 5	㊶ 27	㊷ 45
㊸ 9	㊹ 21	㊺ 5
㊻ 35	㊼ 49	㊽ 27
㊾ 1	㊿ 9	(51) 3
(52) 21	(53) 5	(54) 7
(55) 81	(56) 9	(57) 35
(58) 15	(59) 49	(60) 45

곱셈의 원리 ● 계산 방법 이해

05 짝수끼리의 곱 112~113쪽

① 12	② 16	③ 20
④ 4	⑤ 40	⑥ 8
⑦ 12	⑧ 32	⑨ 36
⑩ 8	⑪ 24	⑫ 16
⑬ 24	⑭ 16	⑮ 32
⑯ 80	⑰ 8	⑱ 20
⑲ 64	⑳ 60	㉑ 48
㉒ 48	㉓ 32	㉔ 32
㉕ 16	㉖ 8	㉗ 4
㉘ 48	㉙ 32	㉚ 16
㉛ 80	㉜ 36	㉝ 16
㉞ 24	㉟ 60	㊱ 64
㊲ 20	㊳ 40	㊴ 8
㊵ 12	㊶ 20	㊷ 24
㊸ 32	㊹ 12	㊺ 80
㊻ 60	㊼ 16	㊽ 48
㊾ 12	㊿ 16	(51) 12
(52) 24	(53) 8	(54) 32
(55) 36	(56) 48	(57) 80
(58) 16	(59) 60	(60) 64

곱셈의 원리 ● 계산 방법 이해

06 홀수와 짝수의 곱
114~115쪽

① 10	② 2	③ 6
④ 30	⑤ 6	⑥ 4
⑦ 18	⑧ 8	⑨ 36
⑩ 20	⑪ 18	⑫ 42
⑬ 28	⑭ 6	⑮ 30
⑯ 18	⑰ 40	⑱ 36
⑲ 24	⑳ 90	㉑ 30
㉒ 14	㉓ 6	㉔ 72
㉕ 40	㉖ 2	㉗ 56
㉘ 20	㉙ 50	㉚ 30
㉛ 42	㉜ 36	㉝ 40
㉞ 54	㉟ 28	㊱ 72
㊲ 12	㊳ 10	㊴ 18
㊵ 10	㊶ 50	㊷ 8
㊸ 8	㊹ 18	㊺ 90
㊻ 18	㊼ 70	㊽ 42
㊾ 36	㊿ 4	51 12
52 20	53 10	54 24
55 30	56 72	57 56
58 54	59 14	60 28

곱셈의 원리 ● 계산 방법 이해

07 곱셈구구에 해당하는 수 찾기
116~118쪽

① 2, 4, 6, 8, 10, 12, 14, 16, 18에 ○표
② 3, 6, 9, 12, 15, 18, 21, 24, 27에 ○표
③ 4, 8, 12, 16, 20, 24, 28, 32, 36에 ○표
④ 5, 10, 15, 20, 25, 30, 35, 40, 45에 ○표
⑤ 6, 12, 18, 24, 30, 36, 42, 48, 54에 ○표
⑥ 7, 14, 21, 28, 35, 42, 49, 56, 63에 ○표
⑦ 8, 16, 24, 32, 40, 48, 56, 64, 72에 ○표
⑧ 9, 18, 27, 36, 45, 54, 63, 72, 81에 ○표

곱셈의 원리 ● 계산 원리 이해

08 곱셈표에서 규칙 찾기
119~120쪽

① 2	② 5	③ 3
④ 8	⑤ 6	⑥ 9
⑦ 7	⑧ 4	⑨ 10
⑩ 3	⑪ 5	⑫ 4
⑬ 6	⑭ 2	⑮ 8
⑯ 9	⑰ 7	⑱ 10

곱셈의 원리 ● 계산 원리 이해

09 곱셈표 완성하기
121쪽

×	1	2	3	4	5	6	7	8	9	10
1	1	2	3	4	5	6	7	8	9	⑩
2	2	4	6	8	10	12	14	16	18	20
3	3	6	9	12	15	18	21	24	27	30
4	4	8	12	16	20	24	28	32	36	40
5	5	10	15	20	25	30	35	40	45	50
6	6	12	18	24	30	36	42	48	54	60
7	7	14	21	28	35	42	49	56	63	70
8	8	16	24	32	40	48	56	64	72	80
9	9	18	27	36	45	54	63	72	81	90
10	⑩	20	30	40	50	60	70	80	90	100

↖ 화살표를 따라 접으면 만나는 수가 서로 같아요.

화살표 위에 놓인 수들은 같은 수끼리의 곱이에요.

곱셈의 원리 ● 계산 원리 이해

7 곱셈구구 활용

곱셈의 기본 개념과 성질을 이해하고, 그것을 토대로 곱셈을 활용해 보며 곱셈에서의 연산 감각을 기르는 것이 이번 단원의 학습 목표입니다. 곱셈의 성질과 곱셈 감각은 이후에 배울 큰 수의 곱셈, 나눗셈과 연계되므로 문제를 푸는 과정에서 충분히 생각해 볼 수 있도록 지도해 주세요.

01 다르면서 같은 곱셈
124~125쪽

① 4, 4, 4
② 9, 9, 9
③ 16, 16, 16
④ 36, 36, 36
⑤ 24, 24, 24, 24
⑥ 30, 30, 30, 30
⑦ 10, 10, 10, 10
⑧ 6, 6, 6, 6
⑨ 8, 8, 8, 8
⑩ 12, 12, 12, 12
⑪ 20, 20, 20, 20
⑫ 18, 18, 18, 18
⑬ 40, 40, 40, 40

곱셈의 원리 ● 계산 원리 이해

02 빈칸 채우기
126~127쪽

① 5, 20
② 4, 16
③ 2, 14
④ 3, 27
⑤ 4, 32
⑥ 3, 15
⑦ 9, 54
⑧ 7, 42
⑨ 8, 56
⑩ 9, 45
⑪ 6, 54
⑫ 7, 63
⑬ 4, 10
⑭ 10, 45
⑮ 12, 42
⑯ 16, 64
⑰ 2, 12
⑱ 3, 21
⑲ 5, 25
⑳ 4, 28
㉑ 2, 16
㉒ 5, 35
㉓ 6, 30
㉔ 9, 63
㉕ 6, 48
㉖ 8, 48
㉗ 9, 36
㉘ 7, 56
㉙ 8, 20
㉚ 6, 18
㉛ 16, 40
㉜ 14, 49

곱셈의 원리 ● 계산 원리 이해

03 기호 넣기
128~129쪽

① +, ×
② ×, −
③ −, ×
④ +, ×
⑤ ×, −
⑥ +, ×
⑦ ×, +
⑧ −, +
⑨ +, ×
⑩ −, ×
⑪ ×, +
⑫ −, ×
⑬ +, ×
⑭ ×, +
⑮ ×, +
⑯ ×, −
⑰ ×, +
⑱ −, ×
⑲ +, ×
⑳ ×, −
㉑ ×, −
㉒ −, ×
㉓ +, ×
㉔ ×, +
㉕ −, ×
㉖ ×, +
㉗ −, ×
㉘ ×, +

곱셈의 감각 ● 수의 조작

04 수를 곱셈식으로 나타내기
130~131쪽

① 예 2, 7
② 예 3, 9
③ 예 5, 6
④ 예 5, 9
⑤ 7, 7
⑥ 예 3, 7
⑦ 예 6, 8
⑧ 8, 8
⑨ 예 6, 9
⑩ 9, 9
⑪ 예 8, 9
⑫ 예 7, 8
⑬ 예 2, 5
⑭ 예 4, 8
⑮ 예 7, 9
⑯ 예 4, 6
⑰ 2, 2
⑱ 예 3, 6
⑲ 예 5, 7
⑳ 5, 5
㉑ 예 2, 4
㉒ 예 4, 9
㉓ 9, 9
㉔ 3, 3
㉕ 예 3, 5
㉖ 예 5, 8
㉗ 예 6, 7
㉘ 예 2, 8
㉙ 예 2, 3
㉚ 예 4, 7
㉛ 예 4, 5
㉜ 예 2, 6

곱셈의 감각 ● 수의 조작

05 사각형의 개수 구하기
132~133쪽

① 2, 5, 10	② 4, 5, 20
③ 3, 4, 12	④ 4, 4, 16
⑤ 3, 5, 15	⑥ 5, 5, 25
⑦ 4, 6, 24	⑧ 5, 6, 30
⑨ 7, 3, 21	⑩ 8, 3, 24
⑪ 6, 4, 24	⑫ 8, 4, 32
⑬ 7, 6, 42	⑭ 9, 6, 54
⑮ 6, 9, 54	⑯ 9, 9, 81

곱셈의 활용 ● 상황에 맞는 곱셈

06 구슬의 개수 구하기
134~135쪽

① 8, 4, 32	② 7, 4, 28
③ 2, 3, 6	④ 5, 3, 15
⑤ 2, 5, 10	⑥ 4, 5, 20
⑦ 3, 4, 12	⑧ 4, 4, 16
⑨ 6, 3, 18	⑩ 9, 3, 27
⑪ 7, 6, 42	⑫ 9, 6, 54
⑬ 8, 7, 56	⑭ 6, 7, 42

곱셈의 활용 ● 상황에 맞는 곱셈

07 2배가 되는 곱셈
136~137쪽

① 3, 6	② 8, 16	③ 9, 18
④ 6, 12	⑤ 5, 10	⑥ 9, 18
⑦ 8, 16	⑧ 10, 20	⑨ 10, 20
⑩ 16, 32	⑪ 24, 48	⑫ 21, 42
⑬ 12, 24	⑭ 12, 24	⑮ 14, 28
⑯ 6, 12	⑰ 15, 30	⑱ 36, 72
⑲ 15, 30	⑳ 18, 36	㉑ 20, 40
㉒ 24, 48	㉓ 16, 32	㉔ 8, 16
㉕ 40, 80	㉖ 18, 36	㉗ 7, 14
㉘ 6, 12	㉙ 28, 56	㉚ 27, 54

곱셈의 원리 ● 계산 원리 이해

08 같은 수 곱하기
138~139쪽

① 3, 6, 9	② 16, 20, 24	③ 10, 20, 30
④ 21, 42, 63	⑤ 14, 16, 18	⑥ 6, 18, 30
⑦ 27, 54, 81	⑧ 56, 64, 72	⑨ 24, 36, 48
⑩ 20, 24, 28	⑪ 15, 21, 27	⑫ 15, 25, 35
⑬ 40, 24, 8	⑭ 24, 18, 12	⑮ 45, 40, 35
⑯ 63, 45, 27	⑰ 48, 40, 32	⑱ 42, 35, 28
⑲ 54, 42, 30	⑳ 12, 8, 4	㉑ 16, 12, 8
㉒ 14, 10, 6	㉓ 49, 42, 35	㉔ 54, 36, 18

곱셈의 원리 ● 계산 원리 이해

09 곱해서 더해 보기
140~141쪽

① 12, 8, 20	② 10, 10, 20	③ 15, 9, 24
④ 6, 8, 14	⑤ 36, 45, 81	⑥ 30, 18, 48
⑦ 18, 6, 24	⑧ 56, 16, 72	⑨ 14, 28, 42
⑩ 24, 24, 48	⑪ 15, 25, 40	⑫ 30, 24, 54
⑬ 14, 49, 63	⑭ 6, 18, 24	⑮ 2, 10, 12
⑯ 12, 20, 32	⑰ 35, 14, 49	⑱ 8, 8, 16
⑲ 36, 18, 54	⑳ 9, 9, 18	㉑ 16, 24, 40
㉒ 20, 15, 35	㉓ 8, 16, 24	㉔ 18, 45, 63

곱셈의 성질 ● 분배법칙

분배법칙
분배법칙이란 두 수의 합에 어떤 수를 곱한 것이 각각 곱한 것을 더한 것과 같다는 법칙입니다.

→ $a \times (b+c) = a \times b + a \times c$, $(a+b) \times c = a \times c + b \times c$

교환법칙, 결합법칙과 함께 중등 과정에서 배우지만 초등 연산 학습에서부터 분배법칙의 성질을 접해 볼 수 있도록 수준을 낮춘 문제로 구성하였습니다.

10 곱셈식 완성하기
142~144쪽

① 2	② 3	③ 9
④ 5	⑤ 4	⑥ 2
⑦ 3	⑧ 6	⑨ 5
⑩ 5	⑪ 9	⑫ 6
⑬ 4	⑭ 7	⑮ 2
⑯ 4	⑰ 7	⑱ 5
⑲ 4	⑳ 8	㉑ 8
㉒ 4	㉓ 7	㉔ 6
㉕ 7	㉖ 7	㉗ 9
㉘ 9	㉙ 5	㉚ 6
㉛ 2	㉜ 4	㉝ 9
㉞ 6	㉟ 3	㊱ 4
㊲ 5	㊳ 4	㊴ 6
㊵ 4	㊶ 7	㊷ 5
㊸ 7	㊹ 2	㊺ 9
㊻ 3	㊼ 5	㊽ 4
㊾ 6	㊿ 8	51 7
52 8	53 7	54 3
55 4	56 2	57 6
58 5	59 4	60 2
61 2	62 6	63 9
64 1	65 8	66 10
67 3	68 1	69 0
70 8	71 2	72 5
73 9	74 10	75 9
76 1	77 3	78 4
79 2	80 7	81 1
82 9	83 0	84 10
85 8	86 1	87 0
88 4	89 10	90 5

곱셈의 원리 ● 계산 방법 이해

11 곱셈 퍼즐 완성하기
145~146쪽

①
$$3 \times 2 = 6$$
$$1 \times 2 = 2$$
$$3 \times 4 = 12$$

②
$$2 \times 5 = 10$$
$$4 \times 1 = 4$$
$$8 \times 5 = 40$$

③
$$3 \times 3 = 9$$
$$1 \times 3 = 3$$
$$3 \times 9 = 27$$

④
$$4 \times 1 = 4$$
$$2 \times 2 = 4$$
$$8 \times 2 = 16$$

⑤
$$5 \times 2 = 10$$
$$2 \times 4 = 8$$
$$10 \times 8 = 80$$

⑥
$$2 \times 2 = 4$$
$$4 \times 2 = 8$$
$$8 \times 4 = 32$$

⑦
$$4 \times 2 = 8$$
$$2 \times 3 = 6$$
$$8 \times 6 = 48$$

⑧
$$2 \times 2 = 4$$
$$3 \times 3 = 9$$
$$6 \times 6 = 36$$

⑨
$$3 \times 3 = 9$$
$$3 \times 2 = 6$$
$$9 \times 6 = 54$$

⑩
$$5 \times 1 = 5$$
$$2 \times 2 = 4$$
$$10 \times 2 = 20$$

⑪
$$4 \times 2 = 8$$
$$2 \times 4 = 8$$
$$8 \times 8 = 64$$

⑫
$$3 \times 2 = 6$$
$$1 \times 4 = 4$$
$$3 \times 8 = 24$$

곱셈의 활용 ● 적용

① 20

7	8	9	÷
4	5	6	×
1	2	3	−
0	·	=	+

② 28

7	8	9	÷
4	5	6	×
1	2	3	−
0	·	=	+

③ 35

7	8	9	÷
4	5	6	×
1	2	3	−
0	·	=	+

④ 72

7	8	9	÷
4	5	6	×
1	2	3	−
0	·	=	+

⑤ 48

7	8	9	÷
4	5	6	×
1	2	3	−
0	·	=	+

⑥ 56

7	8	9	÷
4	5	6	×
1	2	3	−
0	·	=	+

⑦ 10

7	8	9	÷
4	5	6	×
1	2	3	−
0	·	=	+

⑧ 15

7	8	9	÷
4	5	6	×
1	2	3	−
0	·	=	+

⑨ 27

7	8	9	÷
4	5	6	×
1	2	3	−
0	·	=	+

⑩ 40

7	8	9	÷
4	5	6	×
1	2	3	−
0	·	=	+

⑪ 54

7	8	9	÷
4	5	6	×
1	2	3	−
0	·	=	+

⑫ 42

7	8	9	÷
4	5	6	×
1	2	3	−
0	·	=	+

곱셈의 활용 ● 적용

(위에서부터)

① 5, 3, 6　　② 7, 4, 6

③ 9, 2, 8　　④ 5, 7, 2

⑤ 9, 6, 8　　⑥ 4, 9, 5

⑦ 8, 5, 4　　⑧ 3, 7, 6

⑨ 3, 9, 7　　⑩ 4, 8, 7

⑪ 8, 3, 4　　⑫ 3, 2, 6

곱셈의 감각 ● 수의 조작

① 2　　② 2

③ 4　　④ 7

⑤ 8　　⑥ 9

⑦ 5　　⑧ 8

⑨ 6　　⑩ 9

⑪ 9　　⑫ 9

⑬ 7　　⑭ 4

⑮ 6　　⑯ 8

⑰ 3　　⑱ 3

⑲ 8　　⑳ 6

㉑ 3　　㉒ 2

㉓ 4　　㉔ 7

㉕ 7　　㉖ 7

㉗ 9　　㉘ 8

㉙ 2　　㉚ 7

㉛ 5　　㉜ 6

곱셈의 성질 ● 등식

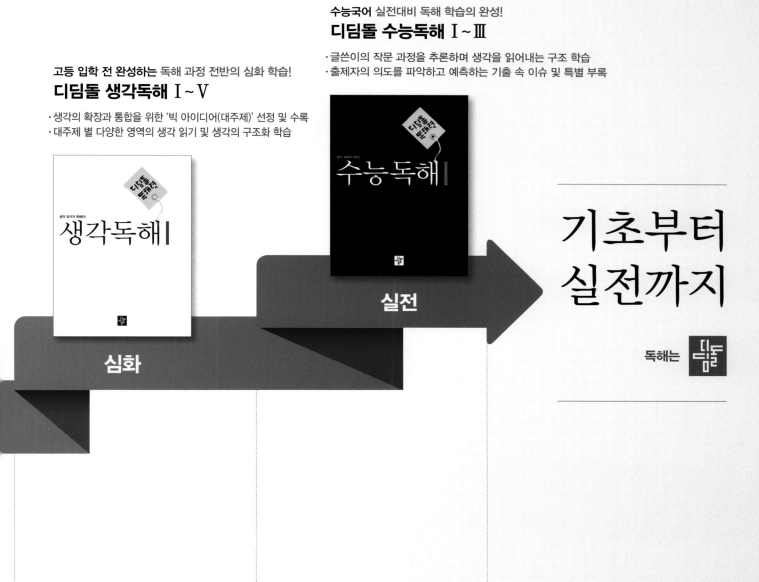

고등 입학 전 완성하는 독해 과정 전반의 심화 학습!
디딤돌 생각독해 I ~ V
· 생각의 확장과 통합을 위한 '빅 아이디어(대주제)' 선정 및 수록
· 대주제 별 다양한 영역의 생각 읽기 및 생각의 구조화 학습

수능국어 실전대비 독해 학습의 완성!
디딤돌 수능독해 I ~ III
· 글쓴이의 작문 과정을 추론하며 생각을 읽어내는 구조 학습
· 출제자의 의도를 파악하고 예측하는 기출 속 이슈 및 특별 부록

심화

실전

기초부터 실전까지

독해는 디딤돌

중등

고등(예비고~고2)

한걸음 한걸음 디딤돌을 걷다 보면 수학이 완성됩니다.

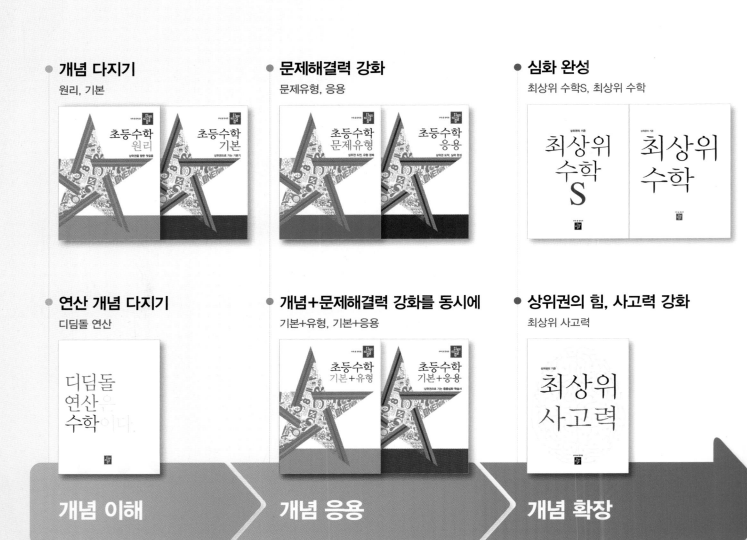

개념 다지기
원리, 기본

문제해결력 강화
문제유형, 응용

심화 완성
최상위 수학S, 최상위 수학

연산 개념 다지기
디딤돌 연산

개념+문제해결력 강화를 동시에
기본+유형, 기본+응용

상위권의 힘, 사고력 강화
최상위 사고력

개념 이해

개념 응용

개념 확장

학습 능력과 목표에 따라
맞춤형이 가능한 디딤돌 초등 수학